U0021395

斑葉植物圖鑑

600 種葉色斑斕、外型奇特的綠植栽培指南

FOLIAGE & VARIEGATED PLANTS (ไม้ใบไม้ด่าง)

斑葉植物圖鑑：600 種葉色斑斕、外型奇特的綠植栽培指南

FOLIAGE & VARIEGATED PLANTS (ไม้ใบไม้ด่าง)

作　　　　者　Pavaphon Supanantananont
譯　　　　者　楊侑馨、出差浣熊
植　物　翻　譯　Alvin Tam@春及殿
審　　　　訂　Alvin Tam@春及殿
社　　　　長　張淑貞
總　編　輯　許貝羚
主　　　　編　鄭錦屏
特　約　美　編　謝蕙鎂
行　銷　企　劃　呂玠蓉
國　際　版　權　吳怡萱

發　行　人　何飛鵬
事業群總經理　李淑霞
出　　　　版　城邦文化事業股份有限公司　麥浩斯出版
地　　　　址　104 台北市民生東路二段 141 號 8 樓
電　　　　話　02-2500-7578
傳　　　　真　02-2500-1915
購書專線　0800-020-299

發　　　　行　英屬蓋曼群島商家庭傳媒股份有限公司城邦分公司
地　　　　址　104 台北市民生東路二段 141 號 2 樓
電　　　　話　02-2500-0888
讀者服務電話　0800-020-299（9:30AM~12:00PM；01:30PM~05:00PM）
讀者服務傳真　02-2517-0999
讀者服務信箱　csc@cite.com.tw
劃撥帳號　19833516
戶　　　　名　英屬蓋曼群島商家庭傳媒股份有限公司城邦分公司

香港發行城邦〈香港〉出版集團有限公司
地　　　　址　香港灣仔駱克道 193 號東超商業中心 1 樓
電　　　　話　852-2508-6231
傳　　　　真　852-2578-9337
Email　　　hkcite@biznetvigator.com

馬新發行　城邦（馬新）出版集團 Cite (M) Sdn Bhd
地　　　　址　41, Jalan Radin Anum, Bandar Baru Sri Petaling,57000 Kuala Lumpur, Malaysia.
電　　　　話　603-9057-8822
傳　　　　真　603-9057-6622
Email　　　services@cite.my

製版印刷　凱林印刷事業股份有限公司
總　經　銷　聯合發行股份有限公司
地　　　　址　新北市新店區寶橋路 235 巷 6 弄 6 號 2 樓
電　　　　話　02-2917-8022
傳　　　　真　02-2915-6275
版　　　　次　初版一刷 2023 年 9 月
定　　　　價　新台幣 750 元／港幣 250 元

國家圖書館出版品預行編目（CIP）資料

斑葉植物圖鑑：600 種葉色斑斕、外型奇特的綠植栽培指南
/ Pavaphon Supanantananont 著；楊侑馨，出差浣熊，
Alvin Tam@春及殿譯．-- 初版．--
臺北市：城邦文化事業股份有限公司麥浩斯出版：英屬蓋曼
群島商家庭傳媒股份有限公司城邦分公司發行，2023.09
　　面；　公分
譯自：FOLIAGE & VARIEGATED PLANTS (ไม้ใบไม้ด่าง)
ISBN 978-986-408-968-0（平裝）

1.CST: 觀葉植物 2.CST: 觀賞植物 3.CST: 栽培 4.CST: 植物圖鑑

435.47025　　　　　　　　　　　　112012777

Printed in Taiwan
著作權所有 翻印必究（缺頁或破損請寄回更換）

"FOLIAGE & VARIEGATED PLANTS by Pavaphon Supanantananont.
Copyright © 2021 by Amarin Printing and Publishing Public Company Limited. All rights reserved."
This translation is published by arrangement with Amarin Printing and Publishing Public Company
Limited, through The Grayhawk Agency.

前言

編者已經不記得是從什麼時候開始種觀葉植物的，只記得小時候，家裡種了一顆龍血樹，姐姐說它開花的時候會帶來好運，所以我每天都堅持為它澆水。另一個我小時候照顧的植物是黛粉葉，它的別稱為「阿啞」，姊姊跟我說，如果誰誤食了它，會跟它的名子一樣變成啞巴。當時年紀小，並不在意哪些植物屬於觀葉植物，只知道這株植物好美、那株也好美，所以悉心的照顧它們。現在回顧起來，每當我開始一份新工作，我總是買一些觀葉植物回家種植，像是蕨類植物、蔓綠絨、花燭、朱蕉等等，與一些花卉植物搭配栽培。

直到我成為《觀葉植物圖鑑：500 種風格綠植栽培指南》（Pavaphon Supanantananont 先生於 2018 年著作）一書的編輯，讓我對各式各樣的觀葉植物感到更加驚奇，自此觀葉植物便成為我心中最愛的觀賞植物種類。現今可說是「觀葉植物的黃金時代」，越來越多人投入栽培，帶領了新的風潮，更有人引進許多國外的觀葉與斑葉植物，包含許多新育成的品種種植，這也是出版社決定邀請 Pavaphon Supanantananont 先生接續出版《斑葉植物圖鑑：600 種葉色斑斕、外型奇特的綠植栽培指南》一書的原因。

在本書中，作者收錄了第一本圖鑑中未曾出現的 600 多種觀葉植物物種，這些新舊各異的物種已經過幾位收藏家協助確認，也使我對這些新奇的植物物種們更加熟悉，還有一些物種經由植物學家的研究已被重新分類，導致其學名有所改變。本書的另一個魅力在於，作者盡力蒐集了一些植物物種的歷史資料，為了解植物來歷很棒的參考來源。

這本《斑葉植物圖鑑：600 種葉色斑斕、外型奇特的綠植栽培指南》絕對也是值得全世界觀葉植物愛好者收藏的書籍，希望您能在閱讀中有所收穫並感到樂趣。

作者序

　　我在 2018 年完成《觀葉植物圖鑑》之後，就已下定決心要再撰寫這本《斑葉植物圖鑑》。因為當時是想讓第一本《觀葉植物圖鑑》成為家庭觀葉植物的指南，所以將重點放在適合在室內種植的植物上。礙於篇幅，書中收錄的植物種類和多樣性沒有達到我原本的期望。自第一本書面世以來，植物市場上陸續出現許多新的品種，美得令人傾心。有些植物背後擁有引人入勝的故事，我熱切想與大眾分享，加上部分植物已有新的研究發現，舊有資訊有待修正，於是萌生了再次出版新書的念頭，以收錄更多美麗的植物。

　　我特別挑選了未能在第一本書登場的種類，例如許多可以耐日照及雨水，適合種植在戶外的觀葉植物；另外，由於斑葉類型在植物愛好者間備受矚目、日趨流行，我想增進大家對它們的認識，所以也介紹大量的斑葉植物。我的這兩本書籍皆是以 Kew Garden 植物學資料庫 www.plantsoftheworldonline.org 中刊載的學名為依據，作為其他參考資料的基礎。

　　身為作者，我無法聲稱這是一本最全面、或最準確的觀葉植物參考書，因為所有資訊都可能會隨著時間而改變。然而，我對於本書中精湛的植物攝影和提供豐富的資訊量充滿信心，這將無疑是一份難能可貴的參考資源。

　　最後，我特別感謝所有不吝指教的讀者們，您們總是以禮貌且富有善意的方式提供寶貴建議，並指出疑慮之處，我深感欣慰也真誠地接納來自各方的意見。

Pavaphon Supanantananont

目錄

觀葉與斑葉植物

在現今的觀賞植物產業中，觀葉植物（Foliage Plants）這個名詞已無人所不知，出色亮麗的葉片甚至比花朵更為美麗。有些種類的葉片上還具有不同色彩的條紋、斑點、色塊等，比其他觀賞植物更為吸引眼球，在人氣飆升並廣為流傳之前，早已引起了一批植物玩家的關注。

本書將史無前例地帶您深入探索這些葉色斑斕、外型奇特的植物，從定義介紹到現今正流行的物種及品種，讓您了解當今觀賞植物的產業趨勢。

●什麼是斑葉植物？

由於葉片上有些部位的葉綠素缺失，而讓葉片顏色不均、呈現斑駁錯落的顏色。其中有些是天然形成的；但也有些是因為突變的關係，使得植物體的葉片、莖幹或是花朵的顏色發生改變，又可稱為「葉藝」或「出藝」。大部分的變異發生是由於該部位缺乏葉綠素，因而由正常狀況下的綠色，轉變為白色、黃色、粉紅色、紅色、或橙色等其他顏色，此種變色情形可以出現在各種植物上，但目前尚未在蘚苔、藻類及地衣等低等植物發現。

葉藝現象一般是由自然的遺傳所引起，在原生植物或是由人工雜交的植物上都有可能發生。有時變異可能從正常植株的一小部分開始，而後逐漸發展至整體植株。努安帕尼·辛柴斯里博士及巴莫特·羅傑魯昂桑先生曾在《斑葉植物》（2004年出版）一書中解釋了發生變異的兩個因素：

1. 細胞核內遺傳物質變異

細胞核內的基因控制著細胞內的質體（plastid），包括葉綠體及其他色素體。若細胞核內的基因發生異常，可能導致葉綠體無法生成、而其他色素體增多的情形，進而在缺少葉綠體的部位，如葉片或枝條上出現色斑。

2. 細胞核外物質變異

細胞質中的葉綠體無法正常生成葉綠素，導致莖幹或葉片出現色斑變異。

在觀賞植物中，大多數的葉藝是由部分組織突變引起的，稱為嵌合體（Chimera），這種變異可能是穩定或不穩定的，也就是說，由嵌合體引起的葉藝可能會傳遞到後代中，但也可能不會，例如：佛羅里達雲彩彩蕉 *Musa* 'Florida' (Variegated)、斑葉爪哇藍蕉 *Musa acuminata* × *balbisiana* (ABB Group) 'Blue Java' (Variegated)，以及絕大部分育種改良的植物都屬於這種情況，此類型葉藝在種子繁殖時可能會「返祖」長出一

由泰國栽培家育成之鳥巢花燭　暹羅紅寶石（*Anthurium* 'Siam Ruby'）。

般的綠葉。然而由遺傳物質控制而產生的斑葉變異性狀則較為穩定，一般不會在後代中返祖回綠色。例如：白紋草（*Chlorophytum bichetii*）及吊蘭（*C. comosum*）。

隨著科技的進展，現今人們可以透過輻射或是化學誘變劑等技術來產生斑葉。例如對植物種子或生長部位進行 X 射線、伽瑪（γ）射線及中子射線等照射；或使用疊氮基化學誘變劑，將疊氮化鉀（Potassium Azide）、疊氮化鈉（Sodium Azide）等直接作用於植物的 DNA，使其產生突變。這些方式或需多次反覆地進行，也並不一定能夠完全成功，需繼續進行樣本篩選和隨機抽樣。人類使用輻射進行植物育種的歷史已有 70年之久，在泰國自西元 1965 年起開始進行相關工作，且仍持續進行中，相關資訊無法在此完整說明，有興趣的朋友可以透過學術期刊、文獻和專著來進一步了解這方面的資訊，特別是泰國和其他國家研究者的研究，例如阿魯尼·旺皮亞薩迪教授所著的書籍：《植物之誘變育種》。

由不同嵌合體細胞構成的粗肋草斑紋。

除了上述提到的因素外，還有許多其他因素會導致植物外觀異常，大部分會暫時表現出「類斑葉」的特徵，或被稱為「假斑紋」，這些斑紋通常對觀賞植物產生的負面影響大於正面效果，例如：

1. 缺乏營養素或元素

由於缺乏某些必要的營養素，例如：缺鎂（Mg）導致葉片變黃，但有些葉脈仍為綠色；缺硫（S）會使新葉或嫩芽葉色比正常情況下更淺，由於葉片呈淺色，有時可以看到深色葉脈交織的斑紋；缺磷（P）會使葉片中心或邊緣出現深色斑點。若植物得到足夠的營養元素，葉藝就會消失。

2. 缺乏光照

由於缺乏葉綠素，使新葉呈現淺白色。尤其當植物突然接受強烈光照時，將變得脆弱且容易焦枯。然而，如果將光照強度逐漸調整至正常，此情況會自然消失。

3. 病毒

多種病毒可導致植物出現病斑，例 Abutilon Mosaic Virus（Geminiviridae）及 Cassava Mosaic Virus（Geplafuvirales）等，每種病毒導致的病徵不同，例如圓形、線狀、點狀或網狀等嵌紋。這些感染病毒的植株甚至被以高價販售給新手買家，因為有些賣家並不知道植株受病毒感染，而將其作為斑葉植物售出。更嚴重的是，傳播病毒的媒介可能是園藝工具，例如未清潔的刀子、剪刀，或是因昆蟲吸食後由一株傳播至另一株。當植物感染病毒時，將無法進行化學藥物的防治，唯一方法是將植株焚燒或銷毀，以避免病毒擴散造成更大損失。

在觀賞植物中，受到病毒感染而形成葉藝的經典案例為玉簪屬（Hosta）植物，由於受到玉簪屬X病毒（Hosta virus X）的感染，在其葉片黃色區域產生藍綠色或深綠色的斑點，使葉片顏色逐漸改變，甚至出現捲曲、或產生不規則的條紋。過去許多人曾將其誤解為斑葉植物，並給予其品種名，如 Hosta 'Leopard Frog'、Hosta 'Parkish Gold' 及 Hosta 'Breakdance' 等。此外，

也有病毒導致花朵變色，如鬱金香條斑病毒（Tulip breaking virus；Potyviridae）可使鬱金香花朵出現雙色斑點。

4. 化學物質

植物若接觸到除草劑等化學物質，即使只有少量或是被風吹來的懸浮微粒，也可能造成葉片灼傷或凋萎。由於葉片細胞遭受破壞，使其看起來具有斑葉的特徵，但經過一段時間的生長會逐漸恢復正常。

●葉藝有哪些類型？

葉藝有許多不同種類，稱呼方式也不同。一般植物玩家會簡單以其外觀特徵作稱呼，例如縞藝、覆輪、中斑藝等。然而，現在的栽培業者更傾向於用市場上已經熟知的品種名來命名，例如以「Paraiso 斑」稱呼小型綠色斑點分布於淺綠色葉表上的斑葉，源自於蔓綠絨綠色天堂（Philodendron 'Paraiso Verde'）的斑葉性狀；以「Thaicon 斑」稱呼具泰斑龜背芋（Monstera deliciosa 'Thai Constellation'）的斑葉性狀等，這些名稱不是官方的術語，只是為了讓溝通更加準確。

Masato Yokoi 及 Yoshimichi Hirose 在《Variegated Plants in Color》（色彩斑斕的植物）一書中將葉藝的類型進行了分類，依照植物美觀及園藝上的分類分為以下 12 種：

註：在多肉植物的範疇中，葉藝會被業者與玩家們沿用日語稱為「錦」。在日語中除了「錦」，也同時稱所有植物葉藝作「斑入り」。

不同類型的葉藝

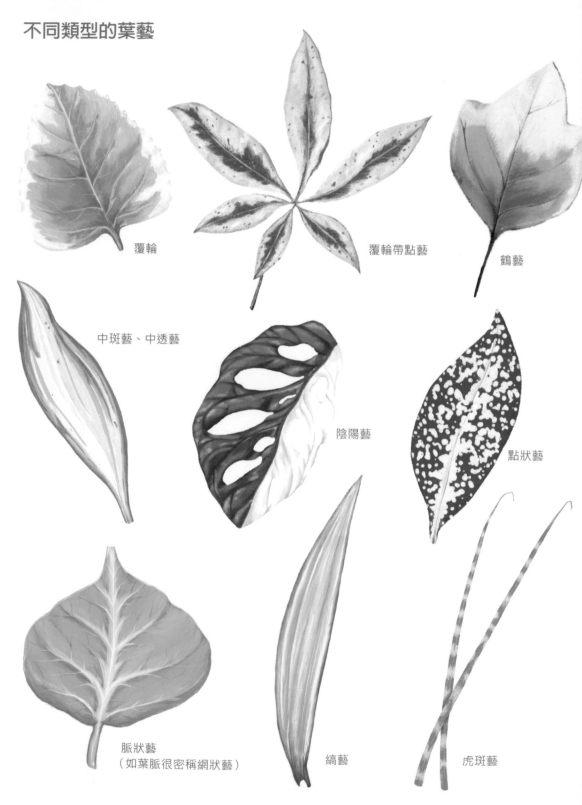

覆輪

覆輪帶點藝

鶴藝

中斑藝、中透藝

陰陽藝

點狀藝

脈狀藝
（如葉脈很密稱網狀藝）

縞藝

虎斑藝

類型 1：覆輪（Marginated）。在葉片邊緣產生斑紋。

類型 2：覆輪帶點藝（Margined Mottled）。類似於類型 1，但在斑紋區域還有一些綠色斑點。

類型 3：鶴藝（Tipped）。在葉片先端產生斑紋，或者斑點僅出現在葉尖一小部分，在日本又被稱為「指甲尖斑紋」。

類型 4：灑金藝／潑墨（Splashed-Mottled）。不規則的斑紋，可能從葉緣延伸至葉片中央，或者只出現於葉表某些區域。看起來像是藝術家用刷子潑灑的痕跡，有時其中一種顏色會蓋在另一種顏色上。

灑金藝／
潑墨

類型 5：中斑藝、中透藝（Centered）。葉片中間產生斑紋，葉緣仍是綠色的，呈現兩側對稱。此種斑紋是相對穩定的，雖然難以發現，但容易栽培。

類型 6：陰陽藝（Sectorialed）。在斑葉植物玩家中，此斑紋被稱為「Half 斑」。

類型 7：點狀藝（Mottled）。是指小、中、大或混合的斑點遍布於整片葉片上，日本人將由葉片底端漸進式散布至葉片先端的點斑稱為「沙粒點斑」；稀疏分散的點斑則稱為「星塵點斑」。

蛇皮藝

類型 8：蛇皮藝（Blotched）。葉片上有著小型斑點，沒有明確的形狀，但分布規律且均勻。

類型 9：脈狀藝（如葉脈很密稱網狀藝）（Reticulated）。沿著葉脈產生的斑紋，也有可能出現在遠離葉脈處，常見於木本植物，如刺桐。

類型 10：縞藝（Striped or Striata）。沿著葉長方向出現的斑紋，造成條紋狀的圖案，有時可能是由幾層細線條堆疊而成，是一種美麗的斑紋。

類型 11：虎斑藝（Banded）。橫跨葉片兩側出現規律的帶狀斑紋，有時紋理不太均勻，在日本被稱為「彩虹斑」，此種斑紋很罕見。

全錦

類型 12：全錦（Albino）。整片葉片變成全黃、全紅或白色，完全無葉綠素。葉片通常會因日照而枯萎死亡。常見的例子是菩提樹或楓香，全株長滿了金黃色的葉片。

除了上述類型外，還有一些特殊的葉藝，作者先暫且稱之為「特殊斑紋」。其葉片上具有黃色、白色、橙色或其他顏色的葉藝，與一般斑葉植物相似，雖然在植物學上為同為色斑（variegation）的一種，但與園藝上所稱的斑葉植物有所不同，在許多物種葉片上都有發現。例如冷水花（*Pilea cadierei*）的天然斑紋，是由植物葉片上部細胞層與下部細胞層分離而形成；又例如有些植物具銀紋（Silver Streak，Silver Stripes）。在《斑葉植物》一書中，努安帕尼·辛柴斯里博士及巴莫特·羅傑魯昂桑先生提到：銀紋是由葉片表皮組織的氣孔所造成，「某些部分的葉片表皮組織具有比平常更多的氣孔。當光線照射入葉片時發生折射，使得葉片呈現銀灰色調。通常出現在自然界森林中的植物上，例如星點藤屬（*Scindapsus* spp.）和山奈屬（*Kaempferia* spp.）植物等，這種變異是永久性的，不會改變。」

註：本書介紹與所稱的斑葉植物，概括天生就有葉斑以及後天突變形成嵌合斑的植物。

銀紋品種的孔雀薑（*Kampforia* sp.）。

●斑葉植物的培育起源

目前已知最早記載斑葉植物的文獻，是在羅馬的博物學家老普林尼（Pliny the Elder；23-79 AD）的著作中。裡面記載著，在兩千多年前，亞歷山大大帝出征軍隊將斑葉常春藤作為勝利的象徵。

將斑葉植物作為觀賞植物的歷史始於17世紀，當時，斑葉植物被視為相當有趣的物種，因為它們新奇且罕見。當斑葉植物在有關植物或花園的書籍中被提及時，便會引起一些關注，但當時仍並非主流，只有一部分人對種植和繁殖感興趣。不過，這些情況都被記錄下來。

根據許多文獻，例如 1659 年《*The Garden Book of Sir Thomas Hanmer Bart*》（漢默爵士的花園書）中，提到了許多斑葉植物的種類，當時大部分被種植的斑葉植物都是偶然發現的，它們具有顯著美麗的特徵，人們甚至沒有考慮到其可能為病原體所引起。例如絲帶草（*Phalaris arundinacea* 'Picta'）自 1648 年起就被引進牛津植物園（Oxford Botanic Garden）種植。

據記載，博福特女公爵（Duchess of Beaufort）是一位熱衷於收集珍稀斑葉植物的園藝愛好者，她從 1692 年開始記錄她收藏的斑葉植物品種名單，起初有 28 種，到 1699 年增加到 91 種。這些斑葉植物品種非常多樣化，含括花卉如法國菊（*Leucanthemum vulgare*）、灌木如西洋山梅花（*Philadelphus coronarius*）、龍血樹（*Dracaena draco*）、至喬木如岩槭（*Acer pseudoplatanus*）等等。

菲利普·米勒（Philip Miller）是一位來自英國蘇格蘭的植物學家，也是切爾西藥用花園（Chelsea Physic Garden）的園長。在 1731 年，他為斑葉植物下了一個定義，描述了這些植物的特徵為 "They are variegated with yellow and white : 'Those which are spotted with either of these Colours in the Middle of their Leaves, are called Blotched（in the Gardener's Term）：but those whose leaves are edged with these Colours, are called Striped Plants'"。

在那個年代，米勒使用了兩個詞彙來形容斑葉植物，一個是"Blotch"，另一個是"Striped Plants"，這些詞彙在當時出版的文件或書籍中都很常見，但現今這些類型統稱為斑葉（Variegated）。

在 18 世紀，有許多關於斑葉植物的故事被記錄下來，保存在當時出版的書籍當中。例如約翰·克勞迪斯·勞登（John Claudius Loudon）所著、於 1827 年出版的《An Encyclopaedia of Gardening；Comprising the Theory and Practice of Horticulture, Floriculture, Arboriculture, and Landscape-Gardening》（園藝百科全書；包括園藝、花卉栽培學、樹木栽培學和景觀園藝的理論與實踐），其中提到，除了各種花卉和觀賞植物外，當時歐洲一些人對於雜交菜園植物非常感興趣，例如將甘藍（Brassica oleracea）培育出葉牡丹／羽衣甘藍、或種植斑葉百里香（Thymus vulgaris）作為收集和欣賞用，而非作為食材，與現在泰國人收集斑葉植物作為業餘愛好非常相似。

一個非常經典的例子是斑葉葛鬱金（Maranta arundinacea），早期它是以 Phrynium variegatum 之名銷售，鮮為人知，歐洲植物愛好者自維多利亞時代開始就在種植斑葉葛鬱金。根據當年美國賓州 West Grove 地區 Conrad & Jones 公司的產品目錄，斑葉葛鬱金以 15 美分的價格出售，儘管日期不明確，但與 1853-1854 和 1886-1896 期間多位藝術家所創作的植物圖像比對，應符合當時的市場趨勢。更重要的是，直到現在斑葉葛鬱金仍是人們喜愛栽培的觀賞植物，這與時尚產業一樣，流行會隨著時間而反覆循環。

然而，西方人沒有像亞洲人那樣重視斑葉植物，許多人仍認為斑葉植物是由病毒或是基因缺陷所引起的，較為脆弱，應該被清除而不是被栽培繁殖。許多地方的農場工作者或農場主人並不鼓勵種植斑葉植物，僅有少數團體和幾個溫室持續在栽培及繁殖，使它們得以保持一些多樣性。

現今已成為觀賞植物的斑葉山藥。

種植歷史已長達一百多年的斑葉葛鬱金。

在亞洲，日本可說是自古以來最重視斑葉植物的民族。有兩本名為《*Somoku Kihin Kagami*》（1827 年）及《*Somoku Kinyo Shu*》（1829 年）的書籍可作為證據，書內包含著藝術家繪製關於斑葉植物的畫作，以及高達 1,500 種當時在日本種植之斑葉植物圖片。百年之後，這兩本書被翻譯成英語，分別為《*Collection of Unusual Plants*》（不尋常的植物收藏）和《*Collection of Tree Leaves*》（樹葉大集合），收錄在由巴特利特（H.H.Bartlett）及舒赫拉（H.Shohara）合 著 的《*Japanese Botany During the Period of Wood-Block Printing*》套書中。在 1975 年至 1976 年間，該書再次以日語出版，並添加了更多詳細資訊。

日本人喜歡針對一些斑葉植物種類進行高度細節上的研究與探索，將其斑紋特徵細緻的分類，直到分出不同的品種，例如：觀音棕竹（*Rhapis excelsa*）、 萬 年 松（*Selaginella tamariscina*）、富貴蘭（出藝的日本風蘭，*Vanda falcata*）、長生蘭（出藝的白石斛，*Dendrobium moniliforme*）等。相較於一般的觀葉植物，這些植物顯然已經過長久以來的精心篩選。儘管它們非常美麗，但很多品種只能在寒帶或溫帶地區生長，在熱帶國家並不適宜栽培。

彩葉木為自古栽培的斑葉植物。

●泰國的斑葉植物

在過去的泰國，斑葉植物一般是作為從國外進口的觀賞植物，並沒有被專門的栽培或收藏。根據查到的資料，關於斑葉植物最古老的照片，是由清邁第一家攝影工作室「柴永盛」的創始人所拍攝。這是在花園裡拍攝的一張貴婦人的照片，照片中的她周圍環繞了不同類型的植物，其中包含彩葉木（*Graptophyllum pictum*）。這些照片大約是在 1897 年至 1927 年之間進行拍攝的，至今已約一百年。當時這些植物是從國外進口的，尚未普及且價格昂貴，可能只流傳於貴族或商人之間。它們與白斑和紫斑的彩葉木一起應用於泰國的各種儀式中。

泰國斑葉植物收藏的先驅是喬布·卡納羅克博士，他於 2003 年從美國留學回國後開始收集斑葉植物。他說，當時只有另外兩個玩家，分別是蘇萬·斯里卡姆先生以及巴蓬·揚本楚將軍。之後，來自寶石花園的巴莫特·羅傑魯昂桑先生，開始了大量的斑葉植物收藏和保存工作，並將其部分發展為觀賞植物推向市場，使得市場上的斑葉植物種類更加多樣化。

大多數泰國人種植斑葉植物是以「植物收藏」為主，收藏具有多樣性或美麗特點的品種；而西方人主要著重於做為花園裝飾及發掘具市場潛力的觀賞植物，出發點有所不同。泰國過去進行植物收藏的人們大多是真正的收藏家，而非商人，他們更傾向於收集和栽培美麗的植物，而非將之出售。因此，這些收藏多年來一直保存於收藏家手中，直到近期才引起外界關注。例如泰斑龜背芋（*Monstera deliciosa* 'Thai Constellation'）已存在多年，直到近年才廣受認識及歡迎。

曾經有一次，查寧索拉特先生採訪了斑葉植物收藏家松波爾·斯里洛邦先生，採訪內容刊登在 1996 年 3 月號的《*Baan Lae Suan*》雜誌中。他對斑葉植物的觀點非常有趣：「我認為這些東西是有價值的，這裡的價值並不是指它們的貨幣

泰國斑葉植物先驅喬布·卡納羅克博士。

價值，因為有些東西我甚至沒有花一分錢就得到了，但這些東西都擁有著它們本身存在的價值，例如斑葉香蕉是在自然界中以十萬、百萬分之一的機率偶然發生的，是非常特殊的生命形態。」

早期玩家能對斑葉植物如此傾心的原因之一，可能是由於那些美麗的植株必須從大型育苗場或植物販售店中辛苦尋找，要很有毅力與耐心，才能找到一株獨一無二的無價之寶，完全不像現在可以輕鬆地從各種植物店或網路購得，很容易又快速地欣賞到某些需要長時間栽培才得以完全展現它們美麗的品種。然而，現在斑葉植物產業也有其面臨的問題：首先，種植者通常以扦插插穗繁殖，植株尚未達到完全成長的尺寸就被售出；第二，許多栽培者不願意讓特殊的斑葉植物落到其他人手中，因此當發生事故或病蟲害來襲時，所有植株都一起死亡，導致許多品種或從市場上消失。當然，也有很多品種因大量繁殖而被保留下來。

喬布·卡納羅克博士和巴莫特·羅傑魯昂桑先生在《美麗植物彙編》一書中指出：「近期的觀賞植物產業中，種植新興斑葉植物物種蔚為風行，非常多人投入栽培。第一批獲得新品種斑葉植物的販售者，通常可以賣出不錯的價格，但當市場上該品種的供應量增加時，價格會下降。若該品種美麗、栽培容易、強健且抗耐性高，它將會在植物市場上存在很長時間；然而，若該品種栽培困難，可能被人們遺忘，甚至在市場消失，這是一個長期的循環。」

●選擇斑葉植物的方法

由於斑葉特徵可在各類型植物產生，因此選擇方式依種類而異。最簡單的方法是先考慮種植目的，如果只是作為愛好或興趣栽培，就不必考慮

常作為庭園觀賞植物的斑葉孔雀椰子，以種子繁殖，但後代僅少數為斑葉。

春雪芋的粉紅鑽石品種，具有不規則條紋的嵌合體。

太多，只需選擇自己喜歡的植株來裝飾居家環境即可。但如果需要大量繁殖並進行銷售，就必須先研究市場趨勢和一般斑葉玩家的審美標準，以選擇最適合的斑葉植物。

優質且適合繁殖的斑葉植物，應該具有清晰明顯的斑紋，斑紋均勻且連貫，不易返祖為綠色。此外，生長狀態良好，無任何衰弱或疾病的徵狀。

除了追求美麗完整的植株，專業的斑葉植物玩家會尋找那些未曾被發現過的斑葉特徵，有時候斑紋可能出現在一片葉片、或一個枝條上，他們使用刀片小心地割開該部位，以讓新芽眼從斑紋處長出來。這種方法需要專業技術和耐心，可能需要多次嘗試才能種出來，甚至有時無法成功，

因此適合那些想要尋找新奇種類、並挑戰現有植物的人。因為如果成功得到一株首次問世的美麗斑葉植物，值得令人感到驕傲。

●斑葉植物的價格

過去斑葉植物對於普羅大眾來說不是很有價值，因為它還沒有廣泛被認識，只有少數植物玩家或感興趣的人在追捧和蒐集。有時斑葉玩家為了蒐集罕見品種，會採用一些方法，例如直接找尋種植者、或到大型苗圃中尋找。若發現極其美麗的植株，是非常幸運的事。之後，他們會與斑葉圈內人分享，互相進行少量交易或交換，以增加自身的收藏，直到繁殖足夠數量才開始銷售。

薄荷龜背芋（*Monstera deliciosa* 'Mint'）是泰國史上最高價的斑葉植物之一。

在 2021 年，斑葉橘柄蔓綠絨（*Philodendron billietiae* "Variegata"）之拍賣價格曾經高逾百萬。

隨著斑葉玩家的增加，一些斑葉植物價格較一般植物高，尤其是市場上數量稀少的新品種。有些品種雖已種植數十年，但由於繁殖困難、生長緩慢，很少開花甚至不開花，因此數量仍然稀少。另外，由種子繁殖的實生苗，也很難培育出美麗的斑葉植物，或其幼苗為斑葉，日後返祖為綠色的機率卻很高，例如大刺軸櫚（*Licuala grandis*）、圓葉蒲葵（*Saribus rotundifolius*）及孔雀椰子（*Caryota mitis*）等。另外也有些斑葉植物數量多且容易繁殖，價格與一般植物一樣合理，常作為園藝觀賞用途，例如虎尾蘭（*Dracaena trifasciata*）、赤道櫻草（*Asystasia gangetica*）及黃金葛大理石王后（*Epipremnum aureum* 'Marble Queen'）等。

　　2021 年泰國斑葉植物的價格創下歷史性新高。有些賣家在社交媒體上販售，讓許多人能夠隨時隨地在網路上競標，有些植物斑紋美麗又具獨特性，許多人願意支付高價金額以獲得一植株，因此創造了許多「突破百萬」的交易，這些植物的市場價格也隨之上漲，例如斑葉橘柄蔓綠絨、黃斑姑婆芋（*Alocasia gageana* "Aurea"）、暹羅紅寶石香蕉（*Musa* 'Siam Ruby'）等。

　　當市場價格上漲時，大多數收藏家或業餘愛好者會等待價格回落到適當程度、自己負擔得起時才購買。然而，商人或業者有不同的觀點，他們的目標是在最短時間內獲得最高利潤，因此仍可能購買。尤其是那些本來價格並不高的斑葉植物，如今卻成為了裝飾房屋的必備品，使得新投資玩家越來越多，市場越趨熱絡，圈內流通資金也越來越高。

　　因此可以說，目前斑葉植物的價格取決於市場供應量、買賣家的偏好、或者是否為新品種。如果數量稀少、且是大眾所需的斑葉植物，價格就會較高，因為賣家認為買家可以將其用於繁殖以增加收入。而新品種斑葉植物，若不太漂亮，沒那麼受歡迎，價格也會較低，因為市場需求較少且較難經營。簡單來說，價格會根據供給需求法則來決定，上漲或下跌取決於當時潮流與受歡迎的程度。

　　無論如何，我們應該以對植物美感的愛好為主要考量，即使有一天曾經高價的斑葉植物價格一落千丈，它們對我們仍有情感價值，應該持續努力培育，讓它們永遠在我們身邊，這是保護這些觀賞植物不會絕種的一種方式。

斑葉旋葉蘇鐵（*Cycas circinalis* "Variegata"）為另一美麗且罕見的斑葉植物，不太為人所知。

各屬觀葉植物介紹

爵床科
Acanthaceae

　　多年生草本植物，涵蓋灌木、草本、及小型喬木等種類。單葉，葉緣平滑。花朵為兩性花，花瓣基部相連呈花筒狀。有些物種以觀花為主，有些物種以觀葉為主，葉片美麗奪目。果實為蒴果，種子卵圓形而微扁，成熟時迸裂並將種子彈射至遠處。為全世界常見之庭園及盆栽作物，含括超過 250 個屬、2,500 個物種，大部分分布於全世界熱帶地區。

▼小花老鼠簕
Acanthus ebracteatus Vahl
"Variegata"

老鼠簕屬 /*Acanthus*

　　屬名源自於希臘文 akanthe，意思為刺，意指葉片尖端呈現尖刺狀，分布於地中海地區、非洲及亞洲。本屬大約含括 30 個物種，許多物種為民間藥用植物，有些物種自從古希臘時代就被作為庭園觀賞植物，例如葉薊（*Acanthus mollis*）。葉緣鋸齒狀，常用於作為科林斯柱式（Corinthian Columns，源於古希臘，是古典建築的一種柱式）上的裝飾造型。本屬植物栽培容易，喜好生長於潮濕地，常以扦插繁殖。

▼ 樹老鼠簕
Acanthus sp.

單藥花屬 / Aphelandra

　　屬名源自於希臘文 apheles，意思為簡單的，而 aner 或 andros 意思為雄性的，意指本屬植物花粉外觀簡單。本屬植物分布於北美洲及南美洲，含括超過170 個物種。為中型灌木，大部分物種作為觀花植物栽培，有些物種葉紋美麗，也可作為作為觀葉植物。喜好長日照及水分充足的環境，常以扦插繁殖。

▼ 金脈單藥花

Aphelandra squarrosa Nees
原生地：巴西
葉片深綠色，葉脈乳白色，花朵及苞片為黃色，葉片及花朵皆美麗，具有觀賞價值。為世界常見之盆栽觀賞植物，可於居家栽培，但極需光照，若光照不足，枝幹將會徒長。以扦插繁殖。

少君木屬 /*Sanchezia*

　　屬名源自於西班牙植物學家 José Sánchez 之名，分布於南美洲，約有 55 個物種，作為觀賞植物栽培已有很長一段時間，但只有數個物種被廣泛種植。大部分好生於排水良好的壤土，栽培上需給予充足日照及水分，常以扦插繁殖。

▼ 黃脈爵床
Sanchezia speciosa Leonard
原生地：哥倫比亞、秘魯

馬藍屬 /*Strobilanthes*

　　屬名源自於希臘文，strobilos 意思為漏斗，而 anthos 意思為花朵，意指屬中有些物種具有錐形的花朵。分布於亞洲熱帶及溫帶地區，包含非洲東岸的馬達加斯加島。本屬含括 350 個物種，大部分喜好陽光及水分，喜好排水良好的土壤，易栽培與繁殖，一般以扦插繁殖。

▼波斯紅草
Strobilanthes auriculata
var. *dyeriana* (Mast.) J.R.I.Wood
原生地：泰國、緬甸
先前學名為 *Strobilanthes dyerianus*。

▼易生木
S. sinuata J.R.I.Wood
原生地：馬來西亞
先前學名為 *Hemigraphis repanda*。

▼ 紫葉半插花
S. alternata (Burm.f.)
Moylan ex J.R.I.Wood
原生地：印度尼西亞

▼ 泡葉半插花
S. alternata 'Exotica'

▼ 葉刺馬藍
S. phyllostachya Kurz "Variegata"
原始植株原生於緬甸及孟加拉，班坎普的蘇拉特·旺諾老師首先將其引進至泰國。本物種常用於庭園綠化，因而得泰文俗名為"綠色蘇拉特"。
先前學名為 *Strobilanthes crispa*
(黑面將軍)。

莧科
Amaranthaceae

本科中幾乎所有物種皆為一年生草本植物，單葉互生或對生，葉緣平滑，無托葉，花序呈簇生，著生於近頂端葉腋處，小花密生。有些物種為民間蔬菜，例如莧菜、越南香菜；有些物種作為觀賞植物，例如彩葉莧、雪莧等。本科含括 186 屬、超過 2,500 個物種，分布於全世界溫帶及熱帶地區。

蝦鉗菜屬 / *Alternanthera*

屬名源自於拉丁文 alternans，意思為交互生長，而 anthera 意思為花藥。本屬含括 110 個物種，幾乎分布於全世界，北美洲、非洲、亞洲及澳洲都有其蹤跡。有些物種為水生，可作為水族箱內之觀賞植物，而大部分物種為庭園植物，適合作為苗圃土表覆蓋或是邊界植物。喜好陽光直射及潮溼的土壤，應至少給予半天日照，否則枝條徒長，型態將雜亂無章，無法形成灌木叢。常以扦插繁殖。

▼ 錦繡莧
Alternanthera bettzickiana (Regel)
G.Nicholson 'Snow Queen'

▼法國莧
A. ficoidea (L.) Sm.

►雪球莧
A. ficoidea 'Snowball'

血莧屬 /*Iresine*

　　屬名源自於希臘文 eiros，意思是「毛茸茸的」，意指本屬植物花瓣上布有絨毛。共含括 34 個物種，分布於北美洲。本屬植物在維多利亞時代就被作為庭園植物，但逐漸被人們遺忘，直到近 50-60 年又逐漸流行起來。由於巴西景觀設計師 Roberto Burle Marx 在多件藝術作品中使用其為背景，並應用於他的庭園設計中，使得本屬植物越趨流行，漸漸遍布於世界的熱帶花園。本屬中最廣為栽培的物種為血莧（*Iresine diffusa*），其自 1800 年代起即從英國及法國栽培植株中進行選育工作。本屬的特徵為葉片寬大，葉脈清晰，外觀看起來像牛排一般。因此俗名又稱為 Beef Plant 及 Beefsteak Plant。喜好陽光充足、土壤濕潤的環境，缺水時，葉子很快乾枯，但其具有一定程度的耐旱性。生長快，繁殖容易，常以扦插繁殖。

▼血莧
Iresine diffusa Humb. & Bonpl. ex Willd.
f. *herbstii* (Hook.) Pedersen

繖形花科
Apiaceae

本科科名原本為 Umbelliferae，屬開花植物。本科含括 300-400 個屬，超過 3,700 個物種，大部分分布於全世界溫帶地區。本科植物為多年生草本植物，葉片為羽狀或掌狀複葉，呈互生排列，葉柄基部擴大成鞘狀，覆蓋葉基。莖幹中空，花序著生於莖幹先端。小花小，排列成繖狀，全株部位皆具有揮發性香氣。

本科植物大部分適宜生長在日照充足的環境，有些物種為家庭菜園中的常見蔬菜，例如旱芹（*Apinum graveolens*）、歐芹（*Petroselinum crispum*）、野胡蘿蔔（*Daucus carota*）等。有些斑葉的物種葉片具觀賞性，可作為庭園中增添色彩的裝飾植物。

水芹屬 /*Oenanthe*

屬名源自於希臘文，oinos 意思為酒，而 anthos 意思為花朵，意指本屬植物花朵的香氣如酒一般。含括 33 個物種，有些物種可萃取出一種稱為水芹毒素（oenanthotoxin）的劇毒，主要累積於植物根部，例如毒水芹（*O. crocata*）中所含的劇毒足以使一整頭牛致死。

▼ 水芹
Oenanthe javanica (Blume) DC.
多年生草本植物、羽狀複葉，呈低矮灌木型態，莖側生，全株具香氣。頂端嫩枝常作為鮮食，可用於製作泰式辣醬或泰式碎豬肉。具有多種藥用特性，例如促進發汗、治療便血、治療腳氣病及消腫等。種植及繁殖容易，喜好濕潤土壤，種植時可放置有水的托盤上，以防止土壤變乾。

天南星科
Araceae

分布於全世界熱帶及溫帶地區。包含約 140 個屬、3,700 個物種,且每年都有報導發現新種及新屬。本科為多年生草本植物,有些屬除了地上莖外,地下具有可貯存養分的根莖或球莖,全株肉質。當休眠季節過去,雨季來臨時,花朵可能先從肉質地下莖抽出,而後長出新葉,也可能當葉片長成之後,由近先端葉腋處抽出花朵。本科植物最大的特點是花序為佛焰花序(spadix,或稱為肉穗花序),由佛焰苞(spathe)包覆著小花著生之肉穗所組成,小花可能為雄花、雌花或不完全花。本科植物全株具有草酸鈣結晶之乳汁,接觸到皮膚後會引起搔癢或腫脹,對人類和動物都具有毒性。

本科植物有各式各樣的外觀形狀和生長習性,包含陸生及附生植物,存在於不同的環境中。有些物種生長於乾燥炎熱的石灰岩山上,只在雨季生長,例如細柄芋屬植物(*Hapaline* spp.);有些物種生長於水面上,例如大萍(*Pistia stratiotes*)、浮萍(*Lemna perpusilla*)、及辣椒榕屬植物(*Bucephalandra* spp.)等;有些物種生長於瀑布的岩石上,或是匍匐生長於地面,再逐漸攀附於大樹或岩石上,例如蔓綠絨屬植物(*Philodendron* spp.)及崖角藤屬植物(*Rhaphidophora* spp.)等等。

除此之外,本科的許多物種在經濟上有重要價值,例如蒟蒻(*Amorphophallus konjac*)及芋屬植物(*Colocasia esculenta*),其地下莖是在地居民的食物來源,同時也被種植用於食品加工業。有些物種則作為切花,例如火鶴花(*Anthurium* Hybrids)及海芋(*Zantedeschia* Hybrids)等。另外有許多其他物種被廣泛作為觀花植物及觀賞盆栽。

粗肋草屬 /*Aglaonema*

粗肋草屬植物的栽培歷史已有數百年,廣受人類喜愛。這個屬下約包含 25 個物種,分布在東南亞地區。自從 1885 年歐洲由殖民國家引進粗肋草作為觀賞盆栽,至今持續盛行,因此也被稱為 "Chinese Evergreen"(中國常青植物)。

雖然泰國將粗肋草視為觀賞植物栽培的具體時間不太確定,但早在 1963 年之前,部分粗肋草物種已被當作吉祥開運的植物。這些多數為原生物種,例如長青粗肋草(*Aglaonema simplex*)和交趾粗肋草(*A. cochinchinensis*)。人們相信這些粗肋草象徵著刀槍不入、財富增長以及聲望提升的寓意。大致在同一時期,泰國也從菲律賓和蘇門答臘等地引進了其他物種的粗肋草。

自西元 1930 年起,美國開始進行粗肋草的商業種植,並持續進行改良以創造出新的雜交品種。在泰國方面,培育雜交粗肋草的先驅者為芭堤雅花園的西提蓬·多納瓦尼克先生。自 1977 年開始,他投入雜交育種工作,經過多年的不懈努力,終於成功培育出眾多優良的品種,供應國內種植。

許多品種至今仍廣泛出現在泰國的觀賞植物市場中，例如 'Banlangthong' 及 'Khatathong' 等等。除此之外，粗肋草產業仍不斷發展，經由蘇拉維·萬克拉羅副教授、塔納布·皮亞潘先生及 Unyamanee Garden 寶石花園的巴莫特·羅傑魯昂桑先生等人的努力，在 2003 年左右，泰國粗肋草產業達到高峰，他們成功培育出全球首款全葉鮮紅色的粗肋草，並共同成立了「觀賞植物發展俱樂部 2000」。直到今天，仍不斷有新粗肋草雜交品種問世，而過去的雜交品種也成為越來越受歡迎的園藝觀賞植物。

大部分粗肋草屬植物栽培容易，喜好光線柔和、遮陰的環境、及富含有機質且排水良好的土壤。可以種植於在室內或室外，但不可讓雨水直接淋在葉片上，因為雨水會使葉片瘀傷及腐爛，進而導致整株植株枯萎，應該定期噴灑防真菌藥劑並施肥。粗肋草被視為容易栽培且耐久的植物類型。

▼ ▶ 斑葉短苞粗肋草

Aglaonema brevispathum (Engl.)
Engl. "Variegata"

斑葉短苞粗肋草系列在寶石花園培育出來。透過不同來源地所選取之植株與具少量斑葉特徵之植株作為親本雜交而得，具有多種斑葉樣式。具匍匐生長的特性，適合作為日後斑葉植物育種之親本。

▼交趾粗肋草
A. cochinchinense Engl.
原生地：泰國、柬埔寨、越南、
馬來西亞

▼斑葉交趾粗肋草
A. cochinchinense "Variegata"

▼斑葉交趾粗肋草
A. cochinchinense (Mutant)

▼亮葉粗肋草
A. nitidum (Jack) Kunth
原生地：泰國、馬來西亞、蘇門答臘及婆羅洲

▼ 斑葉亮葉粗肋草
A. nitidum "Variegata"

▼ 箭羽粗肋草
A. nitidum 'Curtisii'

▼ 斑葉箭羽粗肋草
A. nitidum 'Curtisii' (Variegated)

▼ 箭羽粗肋草 蓬剎之選
A. nitidum 'Poonsak's Favorite'
野生粗肋草屬物種，此種斑紋僅
在泰國南部發現過一次，由彭
薩·瓦卡拉孔先生發現並選育
而得。

▼粗肋草 鑽素攀

Aglaonema 'Petchsuphan'
斑葉亮葉粗肋草及金紋粗勒草雜交而得，由泰國素攀
府的卡姆南蘇昂・馬克松先生所育成。

▼圓葉粗肋草

A. rotundum N.E.Br.
原生地：蘇門答臘
由印度尼西亞進口的物種，並已遍布泰國幾十年的時間。與 p41 的圓葉粗肋草斑紋有些許
不同，可以清楚地區分。但兩者都是 *A. rotundum*，推測是在不同地方發現的所以有不同
的葉紋變異。栽培相對困難，根容易腐爛。

▶圓葉粗肋草
A. rotundum
原生地：蘇門答臘

▼金屬葉單粗肋草
A. simplex 'Metallica'

▼斑葉單粗肋草
A. simplex "Variegata"

▼ 粗肋草 甘倫叻
Aglaonema 'Kamlainak'

▼ 未發表新種粗肋草 中斑
Aglaonema sp. "Medio-Pictum"

▼ 粗肋草 尚蒙坤
Aglaonema 'Serm Mongkol'

▼ 粗肋草 胡迪
Aglaonema 'Woody'

▼ 某種斑葉粗肋草
Aglaonema sp. "Variegata"
不知名的斑葉粗肋草物種，引進泰國栽培已數十年。推測可能是
廣東萬年青（*A. modestum*）的變形之一或是其雜交子代。由於
花朵不育，無法進一步繁殖。

▼ 粗肋草雜交種
Aglaonema hybrid
推測是由野生的長青粗肋草（*Aglaonema simplex*）及圓葉粗肋草
（*A. rotundum*）自然雜交產生的。後來寶石花園將其進行品種改
良，與不同的斑葉長青粗肋草進行數回合雜交，得到了一些外觀
相似，但在葉片中脈、葉形等細節方面略有不同的子代。

▼粗肋草 桑阿堤
Aglaonema 'Saeng Arthit'
野生黃斑亮葉粗肋草與未知名的白色品系之雜
交子代，由女牙醫師大叻·維瓦沃拉潘所育成。

▶粗肋草 帖干乍那
Aglaonema 'Thep Kanchana'
野生的斑葉亮葉粗肋草與粉紅色的品系
之雜交子代，由蓬貼·查佩先生所培育。

▼粗肋草 堤曼妮
Aglaonema 'Tipmanee'
心葉粗肋草（*A. costatum*）及短苞粗肋草
（*A. brevispathum*）之雜交子代，由寶石
花園所育成。

▼粗肋草 夸克阿瑪琳
Aglaonema sp. 'Kwak Amarin'
原生地：泰國

▼ 粗肋草 暹羅完美
Aglaonema 'Siam Perfect'

▼ 粗肋草 安納札洛
Aglaonema 'Umnajjareon'

▼ 粗肋草 宋峇暹羅
Aglaonema 'Sombat Siam'

▼ 粗肋草 10 卡拉
Aglaonema '10 Karat'

▼ 粗肋草 蘇宋札蓬
Aglaonema 'Suksomjaipong'
(Variegated)

▼ 粗肋草 馬尼拉漩渦
Aglaonema 'Manila Whirl'
(Variegated)

▼ 粗肋草 馬尼拉
Aglaonema 'Manila'
(Variegated)

▼ 粗肋草 座山
Aglaonema 'Sup Chaosua'
由 Unyamanee 品系組織培養改良而得，
葉片更小、更窄，葉色深紅色至近乎黑色。

▼ 粗肋草 巴任瑞
Aglaonema 'Parumruay' (Variegated)

▼ 粗肋草 斑葉座山
Aglaonema 'Sup Chaosua'
(Variegated)

▼ 粗肋草 拉塔娜榮泰
Aglaonema 'Rattanarungrueng'
(Variegated)

▲粗肋草 斑葉暹羅極光
Aglaonema 'Siam Aurora' (Variegated)
由原始「暹羅極光 Siam Aurora」品種進一步育種而得,外觀與
下圖「當暹羅」相似,但葉片更為細長且帶有白色灑斑,非常獨
特美麗。與綠葉品種一樣容易栽培。

▼粗肋草 斑葉當暹羅
Aglaonema 'Daeng Siam' (Variegated)

▼粗肋草 紅暹羅極光
Aglaonema
'Siam Aurora Red'

▼粗肋草 橘暹羅極光
Aglaonema
'Siam Aurora Orange'

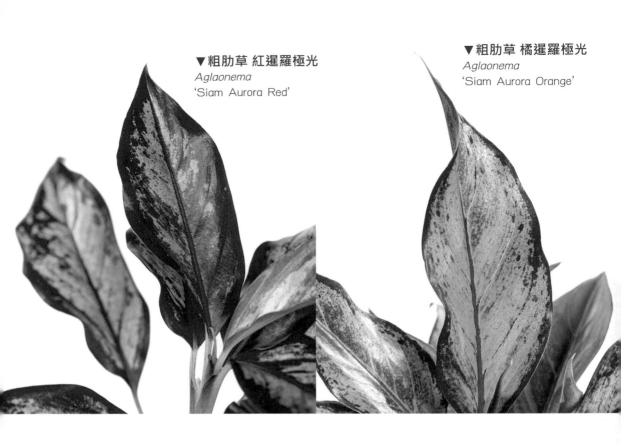

▼粗肋草 變異暹羅極光
Aglaonema 'Siam Aurora Mutant'

▼粗肋草 白暹羅極光
Aglaonema 'Siam Aurora White'

▼ 粗肋草 韜恩
Aglaonema 'Thao-Ngoen'
(Variegated)

▼ 廣東萬年青 清邁
Aglaonema modestum
'Chiangmai'

▼ 粗肋草 拉塔娜曼尼
Aglaonema 'Rattanamanee'
由麥尼蒙花園 Maneemon garden 的吉拉瓦·薩
翁先生所育成之粗肋草雜交種。

▼ 粗肋草 紅軍
Aglaonema 'Red Army'

▼ 迷彩粗肋草 × (圓葉粗肋草 × 單粗肋草)
Aglaonema pictum × (*A. rotundum* × *A. simplex*)

▼ 粗肋草 香桃香蕉
Aglaonema 'Peach Banana'

▼ 粗肋草 鑽南梁
Aglaonema 'Petch Num Neong'

▼ 粗肋草 橘尚蒙坤
Aglaonema 'Sup Mongkol Orange'

▼ 粗肋草 瑪哈薩蒂
Aglaonema 'Mahasetthee'
(Mutate)

▼ 粗肋草 星巴克
Aglaonema 'Starbucks'

▼ 粗肋草 暹羅之王
Aglaonema 'King of Siam'
由西提蓬·多納瓦尼克先生雜交而得，被認為是泰國第一代粗
肋草雜交品種之一，現在市場上仍相當普遍。如果得到適當的
栽培，葉片會呈明亮的黃綠色，但如果過度遮陰，大部分會變
成綠色。

▼ 粗肋草 鉑金
Aglaonema 'Platinum'

▶ 交趾粗肋草 × 粗肋草 黃金灣
Aglaonema cochinchinense
× *Aglaonema* 'Golden Bay'

▼ 粗肋草 通諾帕坤
Aglaonema
'Thong Noppakhun'

姑婆芋屬 / 海芋屬 / 觀音蓮屬 / *Alocasia*

　　多年生草本植物，根部具有可貯藏養分之地下塊莖。葉柄長，基部具鞘形包住莖部，因而狀似莖幹。單葉，心形或箭矢形。本屬有超過 90 個物種，分布於亞洲及澳大利亞。本屬植物為天南星科中體積大小差異很大的屬別，小則株高不超過 30 公分，大則超過 1 公尺。有些物種栽培容易，有些物種則相當困難，尤其是剛從森林中挖取的植株，若未經過適當恢復，容易腐爛或枯萎。姑婆芋屬植物喜好排水良好的環境，盆器需具排水孔，不可淹水。種植姑婆芋屬植物逐漸成為流行趨勢，有些物種的價格甚至曾經高達百萬，一些大型且具美麗斑紋的品種，例如斑葉小確幸（*Alocasia* 'Serendipity'）、斑葉蓋治姑婆芋（*Alocasia gageana*）及斑葉砂勞越觀音蓮 - 猶加敦公主（*A. sarawakensis* 'Yucatan Princess' (Variegata)）等等，也都所費不貲。

◀ 未發表原生種觀音蓮 潔琪琳
Alocasia sp. "Jacklyn"
原生地：蘇拉威西島
為姑婆芋屬新發現的原生種植物，學名尚未命名，市場上也以 *Alocasia tandurusa*、或 *Alocasia* sp. 'Sulawesi' 之名銷售。它在印尼蘇拉威西島北部所發現，其特徵是葉片淺綠色，上有深綠色條紋，葉緣具明顯的鋸齒狀凹陷。
註：市場上常稱傑克林觀音蓮。

▶ 未發表原生種觀音蓮
斑葉卑斯瑪
Alocasia sp. "Bisma"
(Variegated)

►長裂觀音蓮 華生型態
A. longiloba Miq. Watsoniana Form
本物種曾被歸類為不同物種別：*A. watsoniana*，
但現在僅為異名。葉心形，葉基部微裂，具一小
片葉肉組織連接左右兩側葉片，葉脈銀白色。

◄未發表原生種觀音蓮 奧蘭尼
Alocasia sp. "Olani"
原生地：婆羅洲

►阿茲蘭觀音蓮／汶萊之星
A. azlanii K.M.Wong & P.C.Boyce
原生地：婆羅洲
此物種的學名源自婆羅洲汶
萊國家植物標本館（Brunei
National Herbarium）的
Azlan Pandai。葉心型，
葉表為帶有粉色及黃
色的紫色調，葉背
為淡綠色，明顯
與其他物種不
同。

▼ 觀音蓮 斑葉小仙女
Alocasia 'Bambino Arrow' (Variegated)

▼ 銅鏡觀音蓮
A. cuprea (H.Low ex Sankey) K.Koch
原生地：婆羅洲

▶ 銅鏡觀音蓮 紅秘密
A. cuprea 'Red Secret'
(Variegated)

▼ 潑墨黑葉觀音蓮
Alocasia × *amazonica* 'Splash'

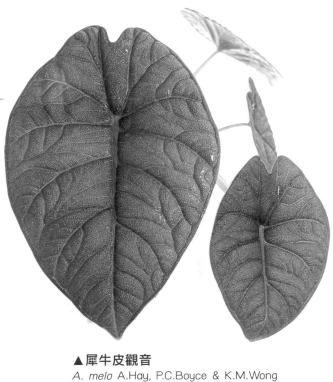

▲ 犀牛皮觀音
A. melo A.Hay, P.C.Boyce & K.M.Wong
原生地：婆羅洲

▶ 斑葉小女王觀音蓮／
黑絲絨觀音蓮
A. reginula A.Hay "Variegata"

▼龍鱗觀音蓮

A. baginda Kurniawan & P.C.Boyce 'Dragon Scale'
原生地：婆羅洲
外觀類似犀牛皮觀音蓮（*A. melo*），但葉脈顏色深且明顯，
分明地劃開灰藍色葉面。

▼未發表原生種觀音蓮 斑葉鉑金

Alocasia sp. "Platinum" (Variegated)

▼ 斑葉龍鱗觀音蓮
A. baginda 'Dragon Scale'
(Variegated)

▲ 戟葉觀音蓮 薄荷
A. lauterbachianu 'Mint'

▼ 明脈觀音蓮
A. reversa N.E.Br.
原生地：婆羅洲

▼ 斑葉戟葉觀音蓮
A. lauterbachiana "Variegata"

▼ 斑葉絨葉觀音蓮
A. micholitziana Sander 'Frydek' (Variegated)

▶ 斑葉蓋治姑婆芋
A. gageana
Engl. & K.Krause "Variegata"

◀ 觀音蓮 粉龍
Alocasia 'Pink Dragon'

▶ 茶色觀音蓮
A. wentii Engl. & K.Krause
"Variegata"

▶斑葉長裂觀音蓮
A. longiloba Miq. "Variegata"

◀斑葉蘭嶼姑婆芋 黑柄
A. macrorrhizos 'Black Stem'

▼姑婆芋 沖繩銀
A. odora (G.Lodd.) 'Okinawa Silver'

◀異葉觀音蓮 艾奎諾之心
A. heterophylla (C.Presl) Merr.
'Corazon Aquino'
原生地：菲律賓
原種為綠葉，但此品種是從帶有銀灰
色光澤的植株選育而出。以菲律賓總
統 Corazon Aquino 之名命名。

▶異葉觀音蓮 金屬藍
A. heterophylla 'Metallic Blue'

◀白背姑婆芋 大船舫（梵文 泰國攀牙灣的船）
A. hypoleuca P.C.Boyce 'Mahabhetra'
泰國素叻他尼府發現的突變種。葉緣向上包覆，葉
片狀似船舫。新生側芽與母株具有相同性狀，不會
返祖。

▶斑葉砂勞越觀音蓮 猶加敦公主
A. sarawakensis M.Hotta
'Yucatan Princess' (Variegated)

►觀音蓮 斑葉王者之盾
Alocasia 'Regal Shield' (Variegated)
黑絲絨觀音蓮（*A. reginula* 'Black Velvet'）及姑婆芋
（*A. odora*）之雜交子代。

►觀音蓮 斑葉小確幸
Alocasia 'Serendipity' (Variegated)
為大型姑婆芋屬植物，株高超過 1 公
尺。新葉子剛展開為鮮粉紅色，隨著
株齡增長逐漸轉為褐色。曾為泰國拍
賣價格最高的姑婆芋屬植物之一。

彩葉芋屬（花葉芋屬）/*Caladium*

在天南星科植物中，彩葉芋屬植物是經人工選育改良而形態特徵與原生種差異很大的屬別。不同國家所栽培的彩葉芋有不同特色，在美洲及歐洲，彩葉芋常作為夏季的觀賞植物或大型盆栽，通常種植在大型花盆中。大多數彩葉芋莖幹強健，抗耐性佳，不需太多維護，並能良好地能適應室外氣候。美國佛羅里達州是彩葉芋的大型生產基地，一些當地公司自1944年開始生產彩葉芋種苗，並持續經營至今，因而被譽為「世界彩葉芋之都」。

在當時的泰國，也曾引進了一些國外的彩葉芋屬植物，但當時國際物流和聯繫的便利程度無法與現今相比，引進新品種進行種植較為困難。然而，現今市場上有很多由中國引進的彩葉芋屬植物，這些來自中國的植株由於是以組織培養的技術大量繁殖，價格實惠而易於買賣，但品種多樣性比較不足。

泰國的彩葉芋屬植物已被選育了數百年，它們的形狀、顏色和葉片紋理都非常獨特，不同於其他國家的彩葉芋屬植物，因而又有「觀葉植物女王」之美稱。有些品種的葉柄基部到柄身都呈扁平狀、有些品種葉片近乎圓形、有些品種葉片姿態柔軟優美，另外，還有一些葉片上覆蓋紅色潑墨的品種、或色彩極豐富的斑葉品種，這些較其他國家的彩葉芋更難以大量繁殖。泰國彩葉芋數量足夠滿足市場需求，且育種者們不吝惜花費更長時間來獲得這些繽紛美麗的斑葉植物。

泰國的彩葉芋品種很多都有良好的室外環境適應力，其植株大小、葉片大小與原種相似，能適應泰國的環境。在泰國南部和東部的橡膠園中有許多自然生長的原種彩葉芋，其實來源為前人由國外進口栽培的，讓許多人誤解彩葉芋是泰國本土植物，實際上彩葉芋原生於南美洲。

擁有美麗株型與色彩的彩葉芋屬植物，大多數是在溫室栽培的，這樣可以得到完美無缺的葉片。由於溫室栽培可以防止蟲害、風吹日曬，並且控制適當的環境濕度，使植株保持健康生長。如果在室外栽培，一段時間葉片會脫落進入休眠期，雨季來臨時才會再次萌芽。

▼ 雄堡彩葉芋
Caladium schomburgkii Schott
原生地：巴西
葉心形或菩提葉形，先端尖銳，托葉一側
向下傾斜。一般品系葉紋為白色，葉柄
白綠色中帶有黃色，被稱為 "Wan Kwak
Pho Ngoen"；另一種品系葉紋為粉紅色，
葉片白綠色，又稱為 "Wan Kwak Pho
Thong"。本物種在泰國已栽培長達幾十年，
泰國人相信如果種植它們，可以增添魅力
及聲譽。

▼ 雄堡彩葉芋
C. schomburgkii

◀迷彩芋

C. praetermissum Bogner & Hett. 'Hilo Beauty'

葉心形，葉片深綠色，上遍布黃綠色的斑紋，像軍用迷彩圖案，曾經被廣泛稱為 *Alocasia* 或 *Colocasia* 'Hilo Beauty'。迷彩芋具有相當獨特的特徵，其葉片的長寬比例為 3:2，而雌花為圓柱形；*C. bicolor* 的雌花則是扁平狀，且無花梗，因此較難開花。據記載，在慕尼黑植物園已種植 *C. bicolor* 超過 40 年，只開過兩次花。這也是人們很難區分它們，並被長期誤認的原因。現在它被歸類為彩葉芋屬（*Caladium*）植物。

至於迷彩芋品種的來源地仍然是一個謎。根據文獻紀錄，有植物樣本來自慕尼黑植物園，但仍然無法確定其真正的起源地。因為在夏威夷希洛灣（Hilo Bay）地區附近也有外觀類似迷彩芋的族群，但植株體積較小。除此之外，迷彩芋外觀也與一個來自厄瓜多爾的 *C. bicolor* 的變型相似，也曾被誤歸類為 *C. marmoratum*。由於現今種植的所有迷彩芋都是從同一個繁殖體而來，因此建議在學名後面加上栽培品種名「希洛美人」（Hilo Beauty）。

而種名 *praetermissum* 的意思是「被遺忘」或「被忽視」，意指長期以來被誤認為姑婆芋屬物種。現今由於組織培養技術可大量繁殖，被引進市場作為觀賞盆栽廣泛銷售，普遍已為人所知。迷彩芋栽培難度不高，喜好光照及高濕度的環境，不宜讓土壤或種植容器過於乾燥。

▼指甲彩葉芋

C. clavatum Hett., Bogner & J.Boos

原生地：厄瓜多

最初命名為 *C. bicolor* var. *rubicundum* Engl.，在美國和歐洲至少已有 50 年的栽培歷史，但是當進行詳細研究時，發現實際上是一個新彩葉芋屬物種，除了葉片紫黑色並帶有粉色斑點之外，還具有明顯與其他物種不同的花朵特徵。根據荷蘭瓦赫寧恩大學（*Wageningen University*）植物園收藏標本中的紀錄文件，最初可能由 B. Feuerstein 及 N. Caroll 由厄瓜多東部所引進。指甲彩葉芋栽培難度不高，與其他彩葉芋物種一樣具有休眠期，常以分株繁殖。

彩葉芋雜交種

Caladium Hybrids

　　一般認為，作為觀賞植物的彩葉芋主要是以 *C. bicolor* 作為親本雜交的，以創造出特殊的外觀型態。彩葉芋多年以來一直是高度受歡迎的觀賞植物，曾經一度價格高昂，但在過去十年卻逐漸停滯，直到西元 2021 年年中，許多品種的彩葉芋再次變得高價，尤其是葉面上有不同斑葉色帶或色塊的「潑墨彩葉芋」、或「斑葉彩葉芋」，這類型品種繁殖困難的程度為業界所周知，以塊莖繁殖時，僅能得到少數具有良好葉斑的植株，且需要更長時間才能長成完整植株。

▼**彩葉芋 海王星 / 尼普頓**

Caladium 'Neptune'
由「皮發蓬」彩葉芋栽培園的披吉·素圖先生於 2019 年雜交及選育而成，為「希望」及「星期五」這兩個品種的雜交子代。葉面紅粉色，具白色不規則斑紋，葉脈紅綠色，葉緣有時微微上翹。

◀**狹葉彩芋**

C. picturatum K.Koch & C.D.Bouché
原生地：秘魯、巴西、蘇利南、
委內瑞拉、圭亞那

▼彩葉芋 勐柯叻

Caladium 'Muangkohkret'

Maibai Thai 及 Maibai Gab 之雜交子代。由麥尼蒙花園的吉拉瓦·薩翁先生於 2017 年雜交及選育而成之泰國彩葉芋。葉面上有紅色及粉紅色斑點、綠白色斑塊，葉脈紅色及綠色，新葉有時呈淡黃色，但隨著時間會逐漸轉為白色。

▼ 彩葉芋 鑽猜拉尚

Caladium 'Petchcharassaeng'

Maipai 及 Chaichon 之雜交子代。由諾巴頓・福昌先生於西元 1997 年雜
交及選育而成之泰國彩葉芋，直到 6 年後才被命名。葉面綠色，上有紅
色及粉紅色斑點、紅白色斑塊，葉脈紅棕色。

▼ 彩葉芋 綠潑墨朵蘭諾帕拉瑟
Caladium 'Daranopparath'
(Green Splash)

▼ 彩葉芋 朵蘭諾帕拉瑟
Caladium 'Daranopparath'
原種名為 Thipwaree，紅色葉片並帶有乳白色斑點，
而後演變出紅潑墨及綠潑墨兩種變型。

▼ 彩葉芋 紅潑墨朵蘭諾帕拉瑟
Caladium 'Daranopparath'
(Red Splash)

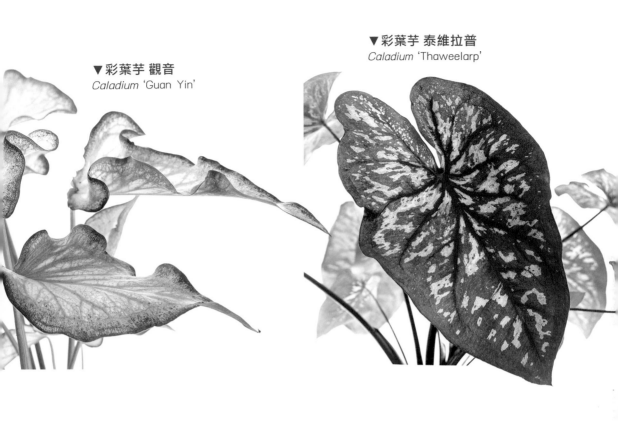

▼ 彩葉芋 觀音
Caladium 'Guan Yin'

▼ 彩葉芋 泰維拉普
Caladium 'Thaweelarp'

▼ 彩葉芋 凱 - 安蓬
Caladium 'Kai-amphan'

▼ 彩葉芋 南邁
Caladium 'Nangmai'

▼ 彩葉芋 普蘭洛坤
Caladium 'Phranakorn'

▼ 彩葉芋 空蘇匹洛坤
Caladium 'Kosumpheenakorn'

▼ 彩葉芋 邦是叻通
Caladium 'Phangsilathong'

▼ 彩葉芋 坎努瓦拉叻沙武里
Caladium 'Kanuworalaksaburi'

▼ 彩葉芋 匹蒙拉差
Caladium 'Pimonracha'

▼ 彩葉芋 蓬座山
Caladium 'Phornchaosua'

▼ 彩葉芋 蘇帕特拉
Caladium 'Supattra'

▼ 彩葉芋 大蒙固王
Caladium 'Yodmongkut'

▼ 彩葉芋 九寶石
Caladium 'Noppagao'

▼ 彩葉芋 阿蒙帖
Caladium 'Amornthep'

▼ 彩葉芋 命運
Caladium 'Destiny'

▼ 彩葉芋 那萊奈拉密特
Caladium 'Naraineramitr'

▼ 彩葉芋 德瓦蘇坤
Caladium 'Dhevasukan'

▼ 彩葉芋 納王萬
Caladium 'Ngamwongwan'

▼ 彩葉芋 周婆繳
Caladium 'Chaoporkaew'

▼ 彩葉芋 阿叉羅帖
Caladium 'Thepaksara'

▼彩葉芋 拉坦拿隆功
Caladium 'Rattanaroongrueng'

▼彩葉芋 曼尼那拉
Caladium 'Maneenara'

▼彩葉芋 布沙林
Caladium 'Bussarin'

▼彩葉芋 達萬繳
Caladium 'Tartbangkaew'

▼彩葉芋 曼尼朗姆鑽
Caladium 'Maneelormpetch'

▶彩葉芋 納孟隆
Caladium 'Na Muangnon'

▼彩葉芋 布阿繳奇宋
Caladium 'Buakaewkeahsorn'

▼彩葉芋 綠蛙錦
Caladium 'Frog in a Blender'

▼ 彩葉芋 新浪潮
Caladium 'New Wave'

▼ 彩葉芋 泡沫
Caladium 'Bubble'

▼彩葉芋 草莓之星
Caladium 'Strawberry Star'

泰國彩葉芋，葉脈深綠色，葉片粉白色，具有類似於泰國其他品種的紅色點斑，如 Khum Thong、Thai Niyom、Bangyai Mongkut Phet、Thep Songsin。現在市場上有許多中國進口的植株作為盆栽販售。栽培容易，在戶外也能生長良好。

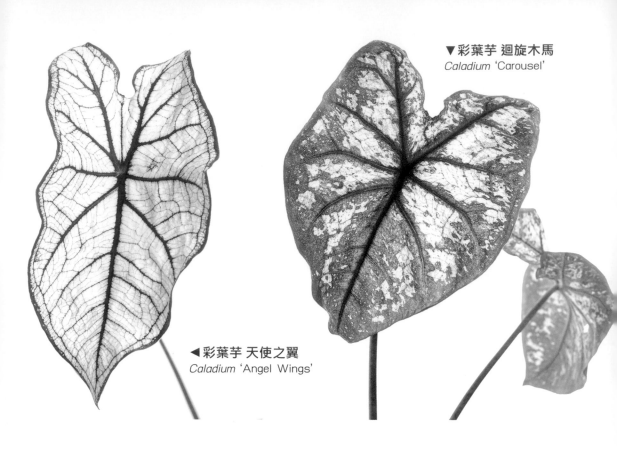

▼ 彩葉芋 迴旋木馬
Caladium 'Carousel'

◀ 彩葉芋 天使之翼
Caladium 'Angel Wings'

◀ 彩葉芋 卡蘿琳・沃頓 / 粉
Caladium 'Carolyn Whorton'

▼彩葉芋 嘉年華
Caladium 'Fiesta'

▼彩葉芋 佛羅里達甜心
Caladium 'Florida Sweetheart'

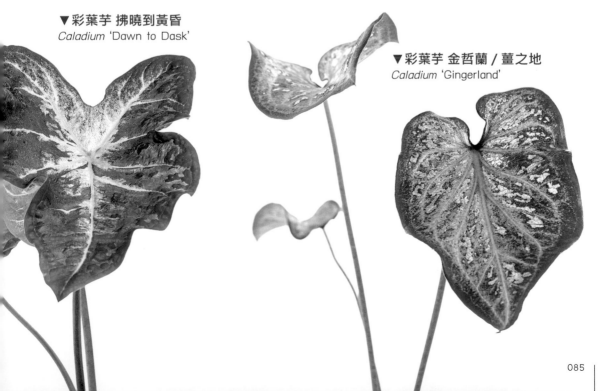

▼彩葉芋 拂曉到黃昏
Caladium 'Dawn to Dask'

▼彩葉芋 金哲蘭／薑之地
Caladium 'Gingerland'

▼彩葉芋 檸檬紅
Caladium 'Lemon Blush'

▼彩葉芋 迷幻／著迷／催眠
Caladium 'Mesmerized'

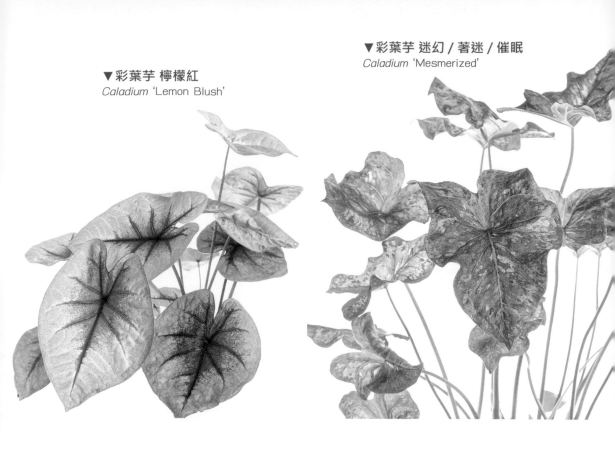

▼彩葉芋 瑪菲特小姐／嬌點
Caladium 'Miss Muffet'

▼彩葉芋 粉紅潑墨
Caladium 'Pink Splash'

▼彩葉芋 蔓越莓之月
Caladium 'Raspberry Moon'

▼彩葉芋 紅艷／紅寶石
Caladium 'Postman Joyner'

▼彩葉芋 煙花
Caladium 'Sparkler'

芋屬 /*Colocasia*

　　本屬植物分布廣泛，原生於南亞及東南亞，包括印度、泰國、寮國、緬甸等地，在被作為栽培作物以前，已遍布全世界熱帶地區，使得植物種類相當多樣，在潮濕的地區或濕地生長良好。芋屬植物被廣泛地作為食物，自古以來，人們就廣泛使用其葉柄和塊莖來烹製食物，特別是芋頭，人們經常用芋頭的地下塊莖來製作各種鹹味或甜味的菜餚，甚至許多品種是為了食用而選育而出。芋頭是人類最早食用的植物之一，為人類自古以來重要的熱量來源之一，在中國，也有許多品種的芋頭被種植作為藥材和食物。

　　芋屬植物的葉片特徵因原生地而異，過去沒有人認真地收藏和研究。直到西方人開始選擇具有特殊性狀葉片之植株來繁殖及育種，才開始相關的研究。西方人追求更美麗的葉片以作為觀賞盆栽、或種植於熱帶花園及水景中，而本屬植物的大型葉片，可為其花園增添亮點和故事。然而，具體是從什麼時候開始育種，並未有確切的記載，但最近 20 年間，芋屬植物在美國南部的景觀美化中開始扮演越來越重要的角色，尤其是在佛羅里達州，因其氣候條件相當適合本屬植物之生長。

　　在芋屬植物改良為觀賞品種的路上，參與者相當少。其中一位重要的先驅者是美國植物病理學家 Dr. John Cho 博士，為了得到抗病性水芋，他自 1998 年開始進行水芋的雜交育種試驗，過程中卻意外收穫了葉片性狀奇特的雜交子代。因此他持續進行改良，培育出許多有趣的觀賞水芋品種，其中以 Royal Hawaiian Series 系列最為著名，這些水芋名稱與夏威夷群島相關，包含島嶼名、或是他曾待過的地點，例如：茂宜之金 (*Colocasia* 'Maui Gold')、茂宜日出 (*Colocasia* 'Maui Sunrise')、阿羅哈 (*Colocasia* 'Aloha') 及凱魯瓦咖啡 (*Colocasia* 'Kona Coffee') 等。

　　許多芋屬雜交種的外觀很相似，僅有微小差異，有時難以區分。最簡單及準確的區分方法是從一開始就保留品種的標牌，若標牌遺失，則必須以各種外觀特徵綜合判斷。有時植株顏色或葉形等特徵會隨環境或栽培地點而改變，因此辨識時必須考量完整的植株型態。有些品種間照片看起來很相近，實際看到植株時會更容易區分，由於某些特徵可能因照片拍攝角度而失真，例如許多黑葉的水芋品種。

芋屬植物栽培容易，幾乎所有物種都喜好光照及水分，在潮濕地或具有積水底盤的盆器中生長良好。以分株或扦插繁殖，以播種方式獲得不同外觀的新品種。

▼ **車輪芋**
Colocasia affinis Schott
原生地：印度、尼泊爾、緬甸、泰國、中國
原生種植物體積較小，葉子呈圓心形，綠色的葉面上有著黑色的斑紋。在不同生長地點，外觀也有所差異，因此它被賦予了多種名稱和形態描述。它主要分布於森林邊緣或石灰岩山丘上，人們長期以來將其從自然環境中挖掘出來，種植於盆栽中，用作藥草或觀賞植物。它僅在雨季生長，旱季時葉子脫落，只剩下塊莖。本物種外觀類似於水芋 閃耀 (*Colocasia* 'Illustris')，但後者不休眠，葉片厚，成株體積明顯更大。

▶斑葉水芋
C. esculenta "Variegata"
為泰國原生水芋，在黎逸府所發現。

▼斑葉水芋 黃潑墨
C. esculenta 'Yellow Splash'

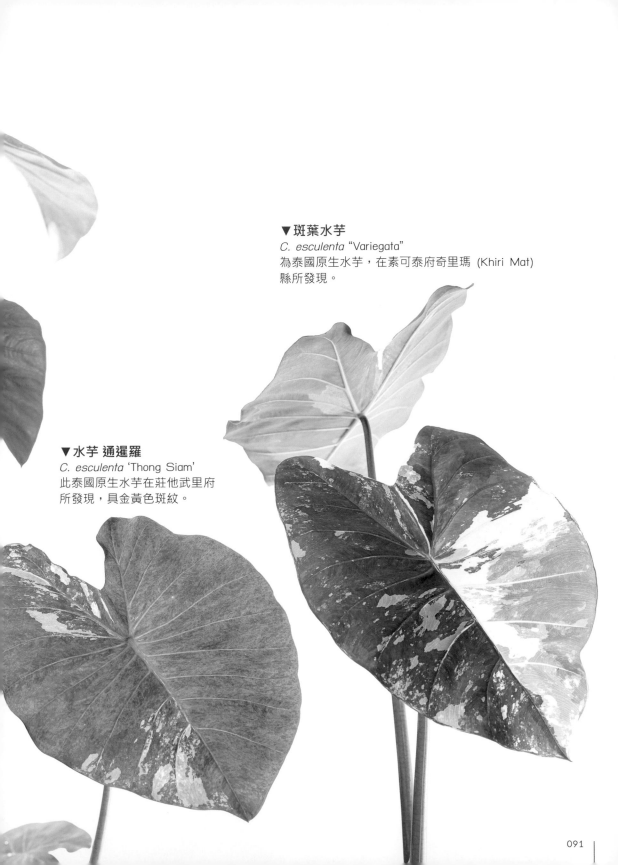

▼ 斑葉水芋
C. esculenta "Variegata"
為泰國原生水芋，在素可泰府奇里瑪 (Khiri Mat) 縣所發現。

▼ 水芋 通暹羅
C. esculenta 'Thong Siam'
此泰國原生水芋在莊他武里府所發現，具金黃色斑紋。

▼水芋 天堂
C. esculenta 'Paraiso'
同為泰國原生的斑葉水芋，與蔓綠絨 '綠色
天堂'（*Philodendron* 'Paraiso Verde'）的斑
紋相似，故擁有者也以此命名。根據紀錄，
2021 年的售價曾高達百萬泰銖。

▼水芋 夏威夷蚋鶲
C. esculenta 'Elepaio'
俗稱「銀河」（*C. esculenta* 'Milky Way'）。
在夏威夷選育出的水芋品種。

▼ 水芋 檸檬萊姆守宮
C. esculenta 'Lemon Lime Gecko^{TM}',
外觀與下圖的美多利之酸 (*C. esculenta* 'Midori Sour') 相似,但葉柄為深紅褐色,且上面有紅褐色縱紋。

▼ 水芋 美多利之酸
C. esculenta 'Midori Sour'
外觀與上圖的檸檬萊姆守宮 (*C. esculenta* 'Lemon Lime Gecko') 相似,但美多利之酸的葉柄為淺綠色,帶有粉紅色調。

◀ 水芋 芝加哥小丑
C. esculenta 'Chicago Harlequin'
由布魯克菲爾德動物園(Brookfield Zoo)的 John Jocius 於 1993 年所選育而出。

▼水芋 莫希多酒球
C. esculenta 'Mojito Reverse'
莫希多 (*C. esculenta* 'Mojito') 之衍伸品種。
莫希多淺綠色葉面上遍布著紫黑色的斑塊及
斑點，而本品種葉面同為淺綠色，但僅有少
量紫黑色斑點殘留。

▼水芋 黑大理石
C. esculenta 'Black Marble'
由 AgriStarts 公司出品，為 *C. esculenta*
'Burgundy Stem' 之突變種。

▼水芋 莫希多
C. esculenta 'Mojito'
由 AgriStarts 公司的 Ty Strode 先生所雜交及
品種改良而得。

▼水芋 午夜
C. esculenta 'Midnight'

▼ 水芋 咖啡杯
C. esculenta 'Coffee Cups'
印度尼西亞之野生水芋，由 Gregory Hambali
先生所選而出。植株高大，葉片邊緣向上翻
起，狀似茶杯，為造型相當獨特之水芋品種。

▼ 水芋 藍色夏威夷
C. esculenta 'Blue Hawaii'

▼ 水芋 G 弦褲／丁字褲
C. esculenta 'G-String'
泰國甘烹碧府芋手花園 (Suan Mue Bon)
育成之雜交種。

▼ 水芋 火狐
C. esculenta 'Fire Fox'
泰國甘烹碧府芋手花園育成之雜交種。

▲ 水芋 鱷魚皮
C. esculenta 'Crocodile Leather'
泰國南部之野生水芋。

▼ 水芋 夏威夷特飲
C. esculenta 'Hawaiian Punch'

▼ 水芋 夏威夷之眼
C. esculenta 'Hawaiian Eye'
由 Dr. John Cho 先生雜交而得，在 2008 年引進市場。株型龐大，葉片紫綠色，若種植於強光處，葉色會較種植於遮陰處更深。

▼水芋 桑格麗亞
C. esculenta 'Sangria'

▶水芋 黑寡婦
C. esculenta 'Black Widow'
泰國南部所發現之野生水芋。

▼水芋 粉瓷器 / 粉中國
C. esculenta 'Pink China'
顧名思義，顯著特徵為具有粉紅色莖幹。

▼水芋 茂宜日出

C. esculenta 'Maui Sunrise'

形態特徵與下一頁的白熔岩（*C. esculenta* 'White Lava'）
相似，但植株較小且葉片較窄，葉中央白黃色。

▼ 水芋 南茜的復仇

C. esculenta 'Nancy's Revenge'

Jerry Kranz 從加勒比海群島之野生水芋中挑選出大葉、具白色中央主脈之獨特物種，並以其搭檔 Nancy McDaniels 之名命名，於西元 2000 年佛羅里達之國際天南星科學會會議（International Aroid Society Meeting）上公開發表。在泰國，班坎普的蘇拉特·旺諾老師在 20 年前首次將此水芋引進栽培，之後被廣泛作為水上花園觀賞植物，而現今在觀葉植物風潮中再次受到追捧。本物種外觀型態與右圖白熔岩相似，但葉片中央為奶油色的，葉柄為綠色。

▼ 水芋 白熔岩

C. esculenta 'White Lava'

Dr. John Cho 在夏威夷改良及選育出之水芋雜交種，生長至完全成熟時葉片相當大。外觀型態與左圖南茜的復仇相似，但它的特色為葉片中央白色條紋範圍較大，葉脈奶油白色，幾乎延伸至葉緣。葉片中心為粉紫色，葉柄紫紅色。

▲水芋 熱帶風暴
Colocasia 'Tropical Storm'
Dr. John Cho 在夏威夷改良及選育出
之水芋雜交種。小型水芋，葉片深紫
色，葉中央有一條寬大的奶油色條
紋，由托葉周圍延伸至近葉尖處。成
株體積不會像其他品種一樣大，會形
成低矮灌木狀，高度約 60 公分，適
合種植在空間較小的地方。在陸地及
水中皆可種植，為一栽培容易且美得
令人驚豔的水芋品種。

▲水芋 法老王面具

Colocasia 'Pharoah's Mask'
根據紀錄，本品種是由 *C. esculenta* 'Dark Star' 突變而來，由 Hayes Jackson 所選育而得，僅有一株。因發現其具有穩定斑紋而被命名，並進一步擴大繁殖。新葉綠色，葉中央有紫黑色點及一些條紋。必須等待植株完全成熟，中央脈紋才會以立體形式凸顯出來，葉緣向後彎，狀似法老王的面具。若驟然更換植株位置，下位葉會迅速轉黃並掉落，需要一段時間才能恢復正常生長。

◀水芋 檸檬水
C. esculenta 'Lemonade'
C. esculenta 'Lime Aide' 的變種，葉面深綠色，上有金黃色斑點，使全葉片呈現金黃色。它來自 Alan Galloway 之收藏。

▼水芋 茂宜之金
C. esculenta 'Maui Gold'

▲水芋 艾蓮娜
C. esculenta 'Elena'
葉片綠黃色，葉脈白色，葉中央具有些許粉紅色小斑點。

▶ 水芋 赤目守宮
C. esculenta 'Red Eyed Gecko™'，
葉片及莖幹呈淡黃綠色，葉中央具有小紅
點，這也是「赤目守宮」這個名稱的由來。

▼ 水芋 晨露
C. esculenta 'Morning Dew'

▼ 水芋 阿羅哈
C. esculenta 'Aloha'

▼ 水芋 希爐埠
C. esculenta 'Hilo Bay'

▼水芋 鑽石之首
C. esculenta 'Diamond Head'

▼異屬雜交水芋 大野芋系列 龍心
× *Leucocolocasia* 'Dragon Heart Gigante'
成株體積非常大，株高可達 2.5 公尺。新
葉綠色，葉片老化時會轉為紫灰色。

▼水芋 礦工
C. esculenta 'Coal Miner'
葉片紫黑色，葉脈及葉緣為淺綠色，為植物喜悅苗圃（Plants Delight Nursery）向印度訂購野芋（*C. antiquorum*）時所發現，因其外觀與其他植物不同，後續進行了繁殖及命名，並於西元 2007 年推向市場。

▼**水芋 鳳梨公主**
C. esculenta 'Pineapple Princess'
Dr. John Cho 在夏威夷之雜交水芋作品，
葉片黃綠色，葉脈紫色，葉緣呈波浪狀，
新葉比老葉更紫。

▼ 水芋 閃耀
C. esculenta 'Illustris'
與左圖黑美人相似，但當植株完全成熟
時，全葉片的斑紋會轉為棕紫色，僅剩
葉脈為淺綠色。

◄ 水芋 黑美人
C. esculenta 'Black Beauty'
與右圖閃耀相似，葉面上有大片斑紋，
但未覆蓋整個葉片，葉緣綠色。

▼ 水芋 黑珊瑚
C. esculenta 'Black Coral'
為 Dr. John Cho 相當受歡迎的雜交作品之一，大型
紫黑色葉片。幼年葉中央具有銀色紋路，但隨著植
物成長而逐漸消失。可以於陸地或水域中栽培，喜
好充足的陽光，若種植於遮陰處，葉片會轉為偏綠。

▼ 水芋 黑魔法
C. esculenta 'Black Magic'
引進泰國種植已很長時間，是市場中
最盛行的黑葉水芋品種，也是最容易
栽培、抗耐性最高的品種之一。喜好
充足的光線，需要大量的水分，栽培
時基部浸水可防止腐爛。若無充足光
線，葉片會轉為偏綠，而非其應該呈
現的深黑色。

▼ 斑葉水芋 黑魔法
C. esculenta 'Black Magic' (Variegated)
黑魔法之變種，綠色葉面上覆有紫灰色
斑點，栽培容易且易生側芽。

▼ 水芋 綠寶石之乳
C. esculenta 'Emerald Milk'
泰國烏達拉迪府之野生水芋，此族群具
有綠色葉面及紫黑色斑紋。

▼ 水芋 黑漣漪
C. esculenta 'Black Ripple'
小型黑葉水芋,葉片呈窄 V 字形,皺葉的
形狀與右圖黑跑者相似,但新生側芽緊靠
著植株,葉柄不容易下垂。

▼ 水芋 黑跑手
Colocasia 'Black Runner'
與左圖黑漣漪相似,但葉柄易向外延伸而
下垂。

▼水芋 黑藍寶石守宮
Colocasia 'Black Sapphire Gecko™'

▼水芋 黑藍寶石守宮
C. esculenta 'Electric Blue Gecko™'

▼水芋 凱魯瓦咖啡
C. esculenta 'Kona Coffee'

▼異屬雜交水芋 黑聖盃
× *Leucocolocasia* 'Black Goblet'
水芋屬 *Colocasia* 及大野芋 *Leucocasia gigantea*
之屬間雜交種，由 Hans Hansen 在沃爾特斯花
園（Walters Gardens）所培育，為非常大型且
引人注目的植物。葉片深黑色，葉緣四周向上
翻起，形狀似一個大碗。

▼水芋 茶會
C. esculenta 'Tea Party'

▼ 水芋 靈蝶

Colocasia 'Psylocke'

白熔岩 (P102) 與黑珊瑚 (P112) 之雜交子代，由烏特 · 斯里查倫進行育種。葉片亮黑色，葉中脈為粉紫色，兩側脈為紫黑色。本物種外觀看起來與美國 Brian Williams 的作品：水芋 救贖 (*Colocasia* 'Redemption') 相似，但其中脈範圍更窄，顏色更紫。本雜交種系列選出了 3 個性狀優異的品系，彼此間差異不大，市場上只有 1 號品系。

▲ 水芋 紫星
Colocasia 'Purple Star'
白熔岩 (P102) 與黑珊瑚 (P112) 之雜交子
代，是由烏特・斯里查倫培育出來。

▶ 水芋 金后面具
Colocasia 'Golden Queen Mask'

◀ 水芋 粉紅安達曼
C. esculenta 'Pink Andaman'

▼ 水芋 東方精金
C. esculenta 'Eastern Adamas'

▼ 水芋 金剛鑽
C. esculenta 'Adamantine'

◀ 水芋 清刊鑽石
C. esculenta 'Chiangkhan Diamond'

▼ 斑葉日本黑水芋
C. esculenta 'Japanese Black Stem'

大野芋屬 /Leucocasia

　　最初被歸類為彩葉芋屬（Caladium），以學名 Caladium giganteum 描述爪哇島上蒐集到的植物樣本。後奧地利植物學家 Heinrich Wilhelm Schott 進一步研究發現，該植物花朵構造與彩葉芋屬植物不同，因此將其歸類在新的屬別，名為大野芋屬 Leucocasia，並在當時使用了短短 30 年左右的時間，之後學名又改回 Colocasia gigantea，並使用了長達數百年。直到近期，來自慕尼黑大學（University of Munich）和馬來西亞理科大學（Universiti Sains Malaysia）的共同研究發現，根據演化證據，此物種與彩葉芋屬親緣相距甚遠，因此又回到大野芋屬。本屬僅有一個物種，分布於中國、泰國、寮國、柬埔寨至婆羅洲及蘇門答臘一帶，以分株或地下莖繁殖。

▼ 斑葉大野芋
Leucocasia gigantea (Blume)
Schott "Variegata"

▼ 大野芋 雅迪匹隆
L. gigantea 'Yardpiroon'
在泰國沙敦府發現的斑葉大野芋屬物種。

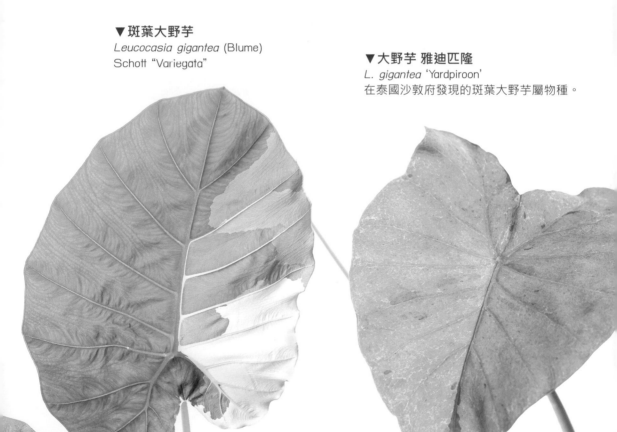

▶斑葉大野芋 滿月
L. gigantea 'Fullmoon'

▼斑葉大野芋 和牛
L. gigantea 'Wagyu'

曲籽芋屬 /*Cyrtosperma*

　　屬名源自於希臘文，kyrtos 意思是彎曲，而 sperma 意為種子，意指種子圓潤凸起的特徵。本屬含括 12 個物種，分布在東南亞地區。大多數具有匍匐於地下的短根莖，葉柄長，上覆有刺。有些物種株型大，株高可高達幾公尺。在自然界，它們經常出現在河流或水源周圍，也很適合栽培於水上花園或水槽中。泰國第一個引進的品種是莊士敦曲籽芋 (*Cyrtosperma johnstonii*)，但並不受歡迎。幾乎所有物種都容易栽培，且抗耐性高，常以分株繁殖。

▼ 馬庫斯曲籽芋
C. merkusii (Hassk.) Schott
原生地：太平洋群島

▼ 貝卡曲籽芋
Cyrtosperma beccarianum A.Hay
原生地：巴布亞紐幾內亞

裘榕屬 /*Kiewia*

　　曾經被歸類在芋榕屬（*Piptospatha*），其一些物種現今已移至裘榕屬中。本屬僅有三個物種，分布於泰國南部至印度尼西亞，大多數為附生植物，附生於溪流附近之岩石或低地雨林之花崗岩上，能適應淹水期需淹於水下一段時間的情況，因此也應用於水草缸之觀賞植物。栽培容易，喜好高濕度環境，不能使其乾燥或缺水，否則會導致葉片乾枯、葉緣焦枯且容易死亡。

▶ **裘榕**
Kiewia ridleyi (N.F.Br. ex Hook.f.)
S.Y.Wong & P.C.Boyce
原生地：馬來西亞
分布於海拔 100-900 公尺高的馬來半島地區。葉片橢圓形，葉面深綠色，上遍布淺綠色斑紋，葉緣微波浪狀，葉柄長，從地面向上抽出。

麒麟尾屬 / 拎樹藤屬 /*Epipremnum*

　　蔓性植物或附生植物，莖幹長條狀，葉片形狀隨生長而改變，幼年葉為一種葉形，但成株後轉變成另一種。本屬中有一些大家熟悉的觀賞物種，例如黃金葛（*Epipremnum aureum*）及其系列品種；還有另一個越來越多人開始感興趣的野生物種，那就是斑葉種的巨拎樹藤 (*E. giganteum*)。本屬共含括 15 個物種，分布於東南亞至太平洋群島，幾乎所有物種都容易栽培，但若在地面上生長，葉片通常不會長成大葉，應使用支撐桿使它們垂直向上攀爬。常以扦插或分株繁殖。

◀**廣葉拎樹藤 銀翼**
E. amplissimum 'Silver'
有些地方以 *E. amplissimum* 'Silver Streak' 之名販售。幼株葉片上有明顯的銀色條紋，若種植於小盆器中限制其生長，銀紋會一直存在。若攀附於大型植株上，葉片會變得很大，銀紋將漸漸消失，僅剩下綠色。

▼**廣葉拎樹藤**
Epipremnum amplissimum (Schott) Engl.
原生地：東南亞至澳大利亞
型態特徵明顯與其他麒麟尾屬物種不同。幼年葉狹窄且細長，葉面隨著株齡增加而漸漸擴大，成株不會有任何孔洞、裂紋或裂口。

▶**斑葉廣葉拎樹藤**
E. amplissimum
"Variegata"

▶黃斑巨拎樹藤
E. giganteum 'Yellow Variegated'

◀藍巨拎樹藤
E. giganteum (Roxb.) Schott 'Blue'
巨拎樹藤是一種大型攀緣植物，其
藤幹可以長達數公尺，葉片深綠且
厚實，呈波浪狀葉緣，葉柄修長。
分布地包括緬甸、泰國、寮國、柬
埔寨、馬來西亞以及新加坡等國。
儘管原生於野外，但已逐漸栽培為
觀賞植物。其中幾個斑葉巨拎樹藤
的品種，因其獨特之處，價格相當
高，受到斑葉植物愛好者追捧收藏。
通常透過分株繁殖。

▶白斑巨拎樹藤
E. giganteum 'White Variegated'

◀巨拎樹藤 薄荷
E. giganteum 'Mint'

幼年葉

▼ 麒麟尾 ▶

E. pinnatum (L.) Engl.

原生地：東南亞至澳大利亞

分布於印度、緬甸、中國、香港、台灣、新加坡、安達曼海島嶼，至澳大利亞及南太平洋島嶼。為大型附生植物，攀附於大型樹木或岩石上生長。葉片生長有3個階段，隨著株齡增加有不同的形狀，一開始為卵心型薄葉，而後開始出現裂縫或小孔洞，當葉片大小長至 30-50 公分左右時，葉緣兩側產生裂紋、葉片近中脈處兩側各出現一排小孔，藤蔓可以延伸至 15-20 公尺。

此外，麒麟尾也是哥倫比亞、多明尼加共和國、海地、波多黎各、及洪都拉斯等地之外來植物，這些地方也選育出許多不同品系，例如白斑種、黃斑種等。栽培容易，抗耐性高且繁殖容易，常以扦插方式繁殖。

半成熟葉

成熟葉

半成熟葉

◀白斑麒麟尾▶
E. pinnatum 'White Variegated'

成熟葉

◀黃斑麒麟尾 1，斑葉麒麟尾 黃焰
E. pinnatum (L.) Engl. 'Yellow Flame'
泰國的觀葉植物市場將斑葉麒麟尾
分為兩個編號，編號 1 葉片呈深
綠色光澤，葉片細長堅硬如火焰
狀，成株裂葉平均，斑紋美麗，
因而又稱為「黃焰」。而編號
2 幼年葉外觀與黃色黃金葛相
似，成熟後葉片較寬，裂葉不
如編號 1 平均。

▶黃斑麒麟尾 2
E. pinnatum 'Yellow Variegated'

▶ **麒麟尾 宿霧藍一號**
E. pinnatum 'Cebu Blue No.1'
原生地：菲律賓
在泰國觀葉植物市場中，宿霧藍麒麟尾
有 2 種編號。編號 1 葉片為灰藍色，
並閃著銀色光澤，質地堅韌；編號 2
的葉片為青綠色，葉色不如編號 1 鮮
豔，葉片也較薄。

◀ **麒麟尾 斑葉宿霧藍**
E. pinnatum 'Cebu Blue' (Variegated)

▶麒麟尾 宿霧藍二號
E. pinnatum 'Cebu Blue No.2'
原生地：菲律賓

▶未發表拎樹藤 哈奴曼
Epipremnum sp. "Hanuman"
來自印度尼西亞的斑葉拎樹藤，
成株葉片長，兩側都有裂紋，
是極具魅力的品種。

◀麒麟尾 大理石
E. pinnatum 'Marble'

刺芋屬 /*Lasia*

　　屬名源自於希臘文 lasios，意思是多毛的，意指其莖部周圍具刺。多年生草本植物，具有地下根莖，橫向著生側株，單葉，戟形，葉緣平滑或鋸齒狀，花梗長，由根莖抽出，花苞棕紅色或紫褐色。本屬共有 2 物種，分布於亞洲、東南亞一帶，常生長於濕地、沼澤地或水源處。非常容易栽培，喜好陽光，但耐陰性佳，常以分株或種子繁殖。

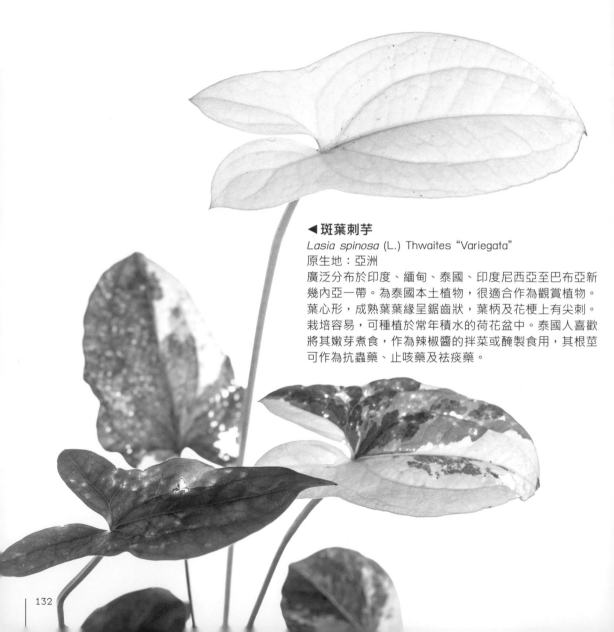

◀ 斑葉刺芋
Lasia spinosa (L.) Thwaites "Variegata"
原生地：亞洲
廣泛分布於印度、緬甸、泰國、印度尼西亞至巴布亞新幾內亞一帶。為泰國本土植物，很適合作為觀賞植物。葉心形，成熟葉葉緣呈鋸齒狀，葉柄及花梗上有尖刺。栽培容易，可種植於常年積水的荷花盆中。泰國人喜歡將其嫩芽煮食，作為辣椒醬的拌菜或醃製食用，其根莖可作為抗蟲藥、止咳藥及祛痰藥。

泉七屬 /*Steudnera*

　屬名源自於 Hermann Steudner 之名，含括 11 個物種，分布於亞洲大陸。通常生長於潮濕的森林中，具地下匍匐根莖。大多不休眠，具有培育為觀賞植物潛力，但尚未廣泛被認識。易於栽培，常以分株繁殖。

▼廣西泉七
Steudnera kerrii Gagnep..
原生地：泰國、寮國、中國、越南

蓬萊蕉屬 / 龜背芋屬 /*Monstera*

　　本屬是全世界最受歡迎的觀葉植物種類之一，共有 48 個物種，分布於北美洲及南美洲熱帶地區。本屬為蔓生植物，葉片形狀會隨著生長而改變，幼年葉和成熟葉的形態特徵截然不同，有時甚至會被誤認為不同的物種。先前只有幾個物種為大眾所知，現在市面上已經引進了許多新品種及斑葉品種。幾乎所有物種都栽培容易，且抗耐性高，可以種植於盆栽中，或讓它攀附生長。喜好水分及高濕度環境，但不喜強烈陽光，因為這可能會使葉子變黃或燒傷。

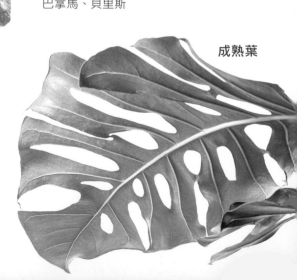

▶**阿卡科亞瓜龜背芋**
Monstera acacoyaguensis Matuda
原生地：墨西哥、貝里斯

◀**星點龜背芋**▼
M. punctulata (Schott) Schott ex Engl.
原生地：瓜地馬拉、哥斯大黎加、墨西哥、
巴拿馬、貝里斯

幼年葉

成熟葉

幼年葉

成熟葉

◀**花葉龜背芋**▶
M. dubia (Kunth) Engl. & K.Krause
原生地：墨西哥、尼加拉瓜、洪都拉斯、貝里斯、秘魯、厄瓜多爾、委內瑞拉
本物種廣泛分布於南美洲北部一帶。幼年葉心形，葉面綠色帶有白色斑紋，攀附生長，外觀似亞洲的星點藤（*Scindapsus pictus*）；而成熟後葉片會變長，轉為深綠色且無斑紋，中脈附近有許多孔，葉緣具裂紋。栽培容易，喜好遮陰光線。應將其安置在木板或牆面，使根部攀附生長。

◀**日本黃斑龜背芋**
M. deliciosa 'Aurea'

M. deliciosa 'Thai Constellation'

此個體的來源地尚不清楚是泰國或其他國家。它曾是植物收藏家瓦塔納・蘇瑪旺的珍藏之一，他是 50-60 年前極具知名度的棕櫚科及珍稀植物收藏家。隨後，這株植物轉交給斑葉植物收藏先驅喬布・卡納羅克博士，再由他分享給寶石花園的園主巴莫特・羅傑魯昂桑先生。大約 30 年前，這個品種開始被大量繁殖，並廣泛傳播至市場。在西元 2000 年後，斑葉植物收藏家 Barry Yinger 與美國商人前往泰國尋找植物，並將這株龜背芋帶回美國。它首次在 Asiatica 苗圃網站（現已停業）以 Thai Constellation 之名販售，這個名稱來自於龜背芋葉片上類似星座盤的斑紋，同時也強調了來自於泰國。

▼黃斑龜背芋
M. deliciosa "Variegata"

▼龜背芋 薄荷
M. deliciosa 'Mint'

▼未發表新種龜背芋 布雷馬克斯火焰
Monstera sp. "Burle Marx Flame"
種名源自於巴西的建築師與植物收藏家 Roberto Burle Marx 之名，他將
本植物作為他的收藏，但並未記錄其來源。

原先學名為 *Monstera dilacerata*，現今僅為 *Epipremnum pinnatum* 之異名。
而 *Monstera* sp. 'Brazil' 同為本物種之異名，由於人們誤以為本物種原
生地在巴西，但事實上其原生於整個北美洲南部地區。在巴西可能會看
見本物種，為人們引進母株種植後自然繁殖的，並非原生於那裡。

這是市場價格極高的龜背芋物種之一，其來源地和名稱仍然是一個謎，
有待進一步研究。

◀西特佩克龜背芋
M. siltepecana Matuda
原生地：洪都拉斯、瓜地馬拉、
貝里斯、墨西哥

▲斑葉尖葉龜背芋
M. acuminata K.Koch "Variegata"

未發表新種龜背芋 肋骨▶
Monstera sp. "Esqueleto"
外觀類似於窗孔龜背芋，但成熟後葉長
可超過 1 英尺。最初以 *M. epipremniodes*
之名販售，但 Fackbook 社團「Monstera
(Monstereae) Enthusiasts」曾探討它應
是不同物種，但未能確定物種名稱，因
此先將品種名命為 'Esqueleto'，為西班牙
文骨骼之意，意指其葉片之外觀形態。
據了解，這個品種來自英國邱園，但真
正的起源不得而知。

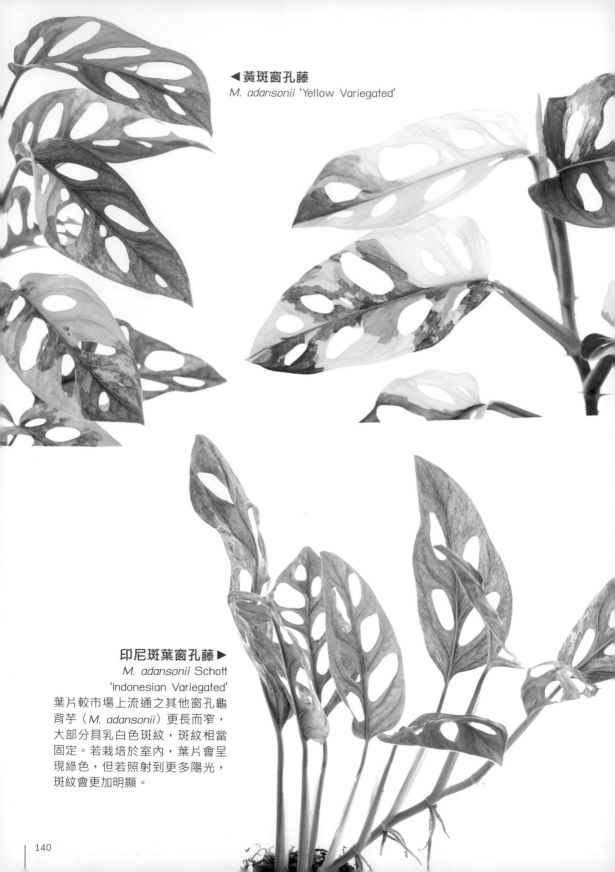

◀黃斑窗孔藤
M. adansonii 'Yellow Variegated'

印尼斑葉窗孔藤▶
M. adansonii Schott
'Indonesian Variegated'
葉片較市場上流通之其他窗孔龜
背芋（*M. adansonii*）更長而窄，
大部分具乳白色斑紋，斑紋相當
固定。若栽培於室內，葉片會呈
現綠色，但若照射到更多陽光，
斑紋會更加明顯。

斑葉大仙洞龜背芋▶
M. lechleriana Schott "Variegata"

◀白斑窗孔藤
M. adansonii 'White Variegated'

▼秘魯垂斜龜背芋
M. obliqua Miq. (collected by Monroe Madison in 1975, Peru)

垂斜龜背芋▶
M. obliqua Miq.
原生地：南美洲
為一種相當美麗、受全球植物收藏家所追求的龜背芋。在市場上販售的植株有來自多個來源地，各來源地之葉片特徵不盡相同，因此容易混淆。未來若投入更多研究，可將進一步細分及命名。當中最為著名的葉片形態為「祕魯型 Peru Form」，其葉片孔洞相當闊大，邊緣僅以細線般的葉肉相連，然而最原本的模式標本卻幾乎不見洞裂。栽培容易。

◀ 垂斜龜背芋複合群
Monstera obliqua Complex
From Various Location

黃苞龜背芋 ▶
M. xanthospatha Madison
原生地：哥倫比亞
僅在海拔 1,400 至 2,500 公尺處
發現，外觀類似於垂斜龜背芋
（*M. obliqua*），但株型較大，
具深黃色花瓣。為罕見的龜背
芋物種，價格非常高昂。

143

合果芋屬 / *Syngonium*

　　合果芋屬植物為一種常見的觀葉植物。近來由於觀葉植物受到歡迎，許多合果芋品種的價格也開始快速攀升，市場上由國外引進之新品種不斷增加，其中大多數由 *Syngonium podophylum* 這個合果芋品種選育而成，因此普遍以品種名稱呼，以避免與原有品種混淆，例如 *Syngonium* 'Milk Confetti'、*Syngonium* 'Green Splash'、*Syngonium* 'Panda' 及 *Syngonium* 'Strawberry Ice' 等等。有些品種具固定斑紋，有些斑紋卻不穩定，容易出現返祖現象。

　　在自然界中，合果芋屬植物的生長發育過程呈現出 3 種不同的葉片形態。在幼年葉時期為單葉、心形或三角狀盾形。隨著生長的進展，單葉葉片會分裂成由 3-5 片小葉組成的複葉。隨著葉片逐漸變大，通常葉片上的斑紋便逐漸消失，然而這種現象也受種植地點和容器的影響。如果植物栽種在盆器中並被允許自由地延伸到地面，通常難以使葉片完全成熟；相反地，若將其垂直攀爬，葉片將能夠更好地生長並變得更加寬廣。合果芋屬植物偏好遮蔭的生長環境，栽培相對容易。然而，它們不適宜直接暴露在雨水下，以免葉片損壞。在雨水衝擊過大的情況下，植株容易變得虛弱。

▲ 雷氏合果芋
Syngonium rayi Grayum
原生地：哥斯大黎加、巴拿馬

▼施泰爾馬克合果芋
S. steyermarkii Croat
原生地：瓜地馬拉、墨西哥
分布於海拔 1,250 公尺的山區，但它也能夠適應炎熱的都市氣候。種名是根據 Julian A. Steyermark 之名字命名，他於 1940 年至 1942 年期間曾三次至瓜地馬拉蒐集本物種之樣本。這種植物的特色是葉面上有明顯的褶皺，並且花序上同時開放雌花和雄花。

▼合果芋 莫希多
Syngonium 'Mojito'
從國外進口之新莫希多品種，具鮮明的白色及綠色對比。但栽培一段時間後，原本的白色部分通常會轉為淺綠色，兩種顏色間的差異逐漸縮小，呈現趨於一致的外觀。增加日照程度可以有效提升葉色的對比度和清晰度。

▼合果芋 熊貓
Syngonium 'Panda'

▼合果芋 綠潑墨
Syngonium 'Green Splash'
容易突變，綠色斑紋通常不穩定。

▼合果芋 粉紅熔岩
Syngonium 'Pink Lava'

合果芋 三色彩屑▶
Syngonium 'Confetti Tricolor'

◀合果芋 三色紅點▶
S. podophyllum 'Red Spot Tricolor'
此品種的價格相當高，其特色在於擁有粉紅色、深綠色和奶綠色之三色斑葉，每片葉顏色都不同，且常常來回返祖。

合果芋 牛乳彩屑▶
Syngonium 'Milk Confetti'

合果芋 粉鮭▶
Syngonium 'Pink Salmon'

▼ 合果芋 瑪利亞
Syngonium 'Maria'
別名為 *Syngonium* 'Merry' 及 *Syngonium* 'Bronze'。

合果芋 月光 / 私釀▶
Syngonium 'Moonshine'

▼ 合果芋 粉紅雀斑
Syngonium 'Pink Freckled'

合果芋 粉紅潑墨▶
Syngonium 'Pink Splash'

合果芋 粉點▶
Syngonium 'Pink Spot'

合果芋 霓虹粉▶
Syngonium 'Neon Pink'
本物種之異名為 *Syngonium*
'Pink Robusta'。

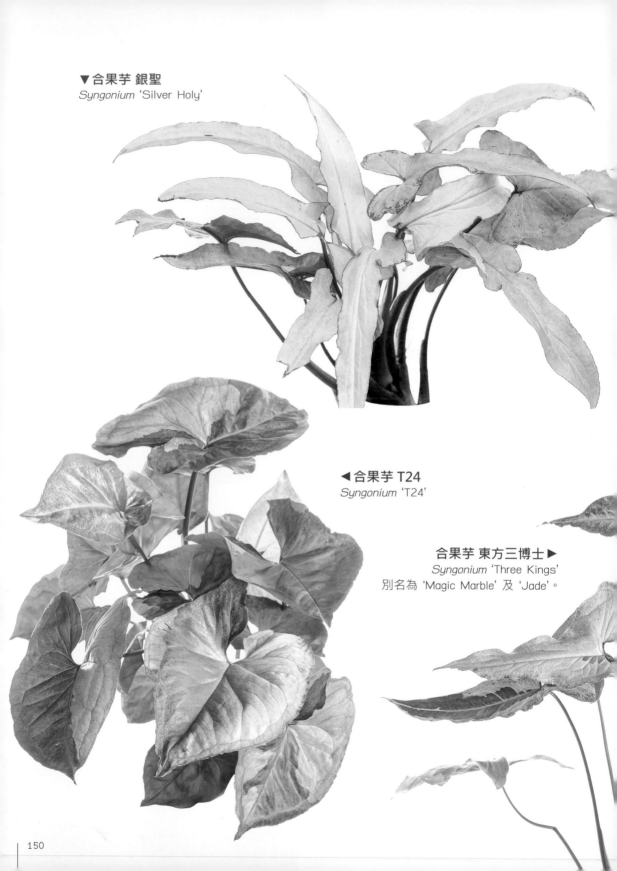

▼合果芋 銀聖
Syngonium 'Silver Holy'

◀合果芋 T24
Syngonium 'T24'

合果芋 東方三博士▶
Syngonium 'Three Kings'
別名為 'Magic Marble' 及 'Jade'。

合果芋 草莓冰 ▶
Syngonium 'Strawberry Ice'

▼合果芋 完美粉紅
Syngonium 'Pink Perfection'

崖角藤屬 / 針房藤屬 /*Rhaphidophora*

　　為攀緣植物或附生植物，其藤蔓可以延伸至很遠。葉形從圓形至橢圓形不等，隨著葉面積及株齡而變化，幼株與成熟株展現出不同的葉形。本屬共含括 104 個物種，分布於非洲大陸、東南亞及澳大利亞。喜好透氣性佳、保濕度佳之介質，但又不宜過於潮濕。常以扦插繁殖。

黃斑蟲孔崖角藤▶
R. foraminifera (Engl.) Engl.
'Yellow Variegated'

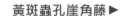

◀斑葉貝卡崖角藤
Rhaphidophora beccarii (Engl.) Engl. "Variegata"

▼白斑蟲孔崖角藤
R. foraminifera (Engl.) Engl.
'White Variegated'

▼大葉崖角藤
R. megaphylla H.Li
原生地：寮國、柬埔寨、越南

斑葉羅比崖角藤▶
R. lobbii Schott "Variegata"

穿孔崖角藤▶
R. pertusa (Roxb.) Schott
原生地：馬爾地夫、斯里蘭卡、
　　　印度、泰國及安達曼群島
註：從照片中的葉形來看，也極
有可能是 *R. tetrasperma*。

◄不知名斑葉崖角藤
Rhaphidophora sp.
"Variegata"
原生地：馬來西亞

▼不知名斑葉崖角藤
Rhaphidophora sp. "Variegata"
原生地：婆羅洲
註：推測為毛過山龍
R. hookeri "Variegata"

◄綠細長葉崖角藤
R. tenuis Engl. 'Green'
原生地：婆羅洲

▼斑葉四籽崖角藤／姬龜背芋
R. tetrasperma Hook.f.
"Variegata"

鵝掌芋屬 / *Thaumatophyllum*

　　本屬共含括 21 個物種，分布於南美洲。最初被歸類為蔓綠絨屬之罌粟柱亞屬 *Meconostigma*，但現今根據更進一步基因學及形態學研究，發現其與蔓綠絨屬植物存在明顯差異，因而獨立出來成為另一個屬。顯著特徵是莖幹高且直立，不似蔓綠絨屬植物一樣匍匐生長。葉柄長，根部通常作為植物支撐，而非用於攀緣。花序之佛焰苞片較厚，中央之肉穗花序包含可育及不育之小花。在自然界中，它們通常出現在比其他蔓綠絨屬植物更充足的光線環境下，故本屬後來被重新分類，並回歸使用曾經在 1859 年被提出的 *Thaumatophyllum*，這導致許多人熟悉的蔓綠絨屬品種，如春羽／大天使鵝掌芋（*T. bipinnatiidum*）、威廉斯鵝掌芋（*T. wiliamsi*）及小天使仙樂都（*T. xanadu*）被重新歸類到這個屬。

◀**特威迪鵝掌芋**
Thaumatophyllum tweedieanum (Schott) Sakur., Calazans & Mayo
原生地：巴拉圭、阿根廷
花序與本屬其他植物不同，開花時佛焰苞僅會微張。若種植於遮陰處，葉片會呈現綠色，若種植於陽光直射的環境，葉片會呈現淡藍色；若種植於潮濕地，需讓根部浸在水中。

蔓綠絨屬 / 喜林芋屬 /Philodendron

　　蔓綠絨屬植物是最受歡迎的觀葉植物屬別之一，具有攀附樹幹及叢生兩種生長型態。近期屬中有些物種被劃分至新屬別—鵝掌芋屬 *Thaumatophylum*。蔓綠絨屬植物分布於北美洲及南美洲的熱帶地區，含括 563 物種，且持續不斷地發現新物種。記錄顯示，人們栽培蔓綠絨屬植物已有數百年歷史，並長期進行雜交及新品種培育的工作，最初始於歐洲，後傳播至亞洲，並透過組織培養繁殖廣泛進入觀葉植物市場中，因此現今出現許多具新紋理或獨特外觀的新品種。大多數蔓綠絨屬植物栽培容易，喜好排水良好的介質，同時也需維持適當的濕度。可栽培於的室內或室外約 50% 遮陰的光線環境，常以扦插繁殖。

肉脈蔓綠絨 ▶
P. crassinervium Lindl.
原生地：巴西

▼ 硬葉蔓綠絨
Philodendron callosum K.Krause
原生地：巴西、蓋亞那、委內瑞拉

▼ 心葉蔓綠絨
P. cordatum Kunth ex Schott
原生地：巴西

▼倒葉蔓綠絨
P. deflexum Poepp. ex Schott
原生地：祕魯

◀巨蔓綠絨
P. gigas Croat
原生地：巴拿馬

▼大蔓綠絨
P. maximum K.Krause
原生地：厄瓜多、巴西、祕魯、
玻利維亞

◀黑金蔓綠絨
P. melanochrysum Linden & André
原生地：哥倫比亞

157

距裂蔓綠絨 ▶
P. distantilobum K.Krause
原生地：祕魯、玻利維亞、巴西

◀ 未發表新種蔓綠絨 原產哥倫比亞
Philodendron sp. "Colombia"
原生地：哥倫比亞

狼蔓綠絨▶

P. lupinum

E.G.Gonç. & J.B.Carvalho

原生地：巴西

在自然界中根部生長於地上，莖幹則攀附於大型樹木。此蔓綠絨屬物種僅在 Terra Firme 森林中發現，並於 2011 年命名。推測為非常罕見的物種，自然界數量稀少。但未來若持續探索附近地區，可能會發現新的來源地。

本物種幼年葉心形，深綠色至棕色絨狀，外觀與心葉蔓綠絨相似。綠色葉面上，沿著葉脈有醒目的溝紋，托葉清晰可見。

◀ **未發表新種蔓綠絨 菲力克士**
Philodendron sp. "Felix"
原生地：哥倫比亞

▼ **扁柄蔓綠絨**
P. barrosoanum G.S.Bunting
原生地：厄瓜多、委內瑞拉、秘魯、巴西、哥倫比亞

里卡多蔓綠絨 ▶
P. ricardoi E.G.Gonç.
原生地：巴西

▼雷諾蔓綠絨
P. renauxii Reitz
原生地：巴西

▼互生蔓綠絨
P. alternans Schott
原生地：巴西

霍金森蔓綠絨 ▶
Philodendron hopkinsianum
'Burle Marx Fantasy'

◀坎波斯蔓綠絨
P. camposportoanum G.M.Barroso
原生地：巴西、圭亞那、秘魯、
蘇利南、玻利維亞、哥倫比亞

◀安尼斯汀蔓綠絨
P. ernestii Engl.

團扇蔓綠絨 ▶
P. eximium Schott
原生地：巴西

▼銀葉帕斯塔沙蔓綠絨
P. pastazanum 'Silver'

▲帕斯塔沙蔓綠絨
P. pastazanum K.Krause
原生地：厄瓜多、秘魯

普洛曼蔓綠絨▶
Philodendron plowmannii Croat
原生地：厄瓜多、秘魯
近期新獲官方認證的物種。以
已故植物學家蒂莫西·普洛曼
（Timothy Plowman）命名。

▼未命名新種蔓綠絨 標本代號 69686

Philodendron sp. "69686"/'Bette Waterbury'
種名源自其在密蘇里植物園之使用編號，本物種之首例標本是來自於巴西建築師羅伯托·布爾·馬克思（Roberto Burle Marx）之收藏。美國天南星科植物權威湯馬斯·克羅特（Thomas B. Croat）已於 2022 年發表成 *P.* 'Bette Waterbury'。

◄天然雜交蔓綠絨 傑尼 杭

Philodendron "Jerry Horne"/
"Ecuador Canoe"

▼ 蔓綠絨 窄葉蘇克雷
Philodendron 'Sucre's Slim'
種名源自植物學家迪米特里‧蘇克雷‧本傑明（Dimitri Sucre）
之名，他於西元 1989 年開始在巴西銷售本植物。

◀ 白蘭地蔓綠絨
P. brandtianum K.Krause
原生地：哥倫比亞、巴西、玻利維亞

▼蔓綠絨 榮耀
Philodendron 'Glorius'
黑金蔓綠絨（*P. melanochrysum*）及錦緞蔓
綠絨（*P. gloriosum*）之雜交子代。

蔓綠絨 斑葉奧蘭度▶
Philodendron 'Orlando'
(Variegated)

▼蔓綠絨 威嚴
Philodendron 'Majestic'
花葉蔓綠絨（*P. verrucosum*）及銀葉蔓綠
絨（*P. sodiroi*）之雜交子代。葉上線條來自
於銀葉蔓綠絨（*P. sodiroi*），而葉型和皺褶
來自於花葉蔓綠絨，栽培容易，抗耐性佳。

▼蔓綠絨 燦爛
Philodendron 'Splendid'
花葉蔓綠絨及黑金蔓綠絨之雜交子代。

▼ **蔓綠絨 麥多維爾**

Philodendron 'Dean McDowell'

帕斯塔沙蔓綠絨（*P. pastazanum*）及錦緞蔓綠絨之雜交子代。約翰·班塔（John Banta）於 1988 年育出本品種，並以他朋友 Dean McDowell 之名命名作為紀念。市場上常稱為大麥克。

◀ 蔓綠絨 荷塞 本諾
Philodendron 'Jose Buono'

蔓綠絨 白騎士 ▶
Philodendron 'White Knight'

◀ 蔓綠絨 白公主
Philodendron 'White Princess'

▼ 蔓綠絨 安達森紅
Philodendron 'Anderson Red'
為古老的雜交種之一。葉片長心形，幼年
葉深紅色至棕色，老葉則呈深綠色。最初
莖幹筆直，之後生長為匍匐狀。

▼ 蔓綠絨 白巫師
Philodendron 'White Wizard'

◀蔓綠絨 灑金
Philodendron 'Painted Lady'

▼蔓綠絨 黃焰
Philodendron 'Yellow Flame'

▼蔓綠絨 日出
Philodendron 'Sunrise'

◀蔓綠絨 黑勃根地
Philodendron 'Black Burgundy'

◀蔓綠絨 月河豔陽
Philodendron
'Moon River Sun'

蔓綠絨 超級紅▶
Philodendron 'Super Red'
泰國培育的雜交品種。

▼ 蔓綠絨 秋橘／柑橘醬
Philodendron 'Autumn Queen'
或 *Philodendron* 'Orange Marmalade'

蔓綠絨 金矛 ▶
Philodendron 'Golden Spear'

◀ 蔓綠絨 草莓奶昔
Philodendron 'Strawberry Shake'

柔葉蔓綠絨／寬洗衣板蔓綠絨 ▶
P. tenue K.Koch & Augustin
原生地：洪都拉斯、委內瑞拉、
巴拿馬、尼加拉瓜、哥斯大
黎加、哥倫比亞
　　在自然界中，它於旱季
開花至雨季開始時，大
約是一月至八月初。

◀織鞘蔓綠絨

P. fibraecataphyllum M.M.Mora & Croat
原生地：哥倫比亞、厄瓜多

原先以 *Philodendron sp.* 'Peru' 之名販售，但事實上僅原生於哥倫比亞及厄瓜多西部森林，海拔不超過 160 公尺高之地區。幼年葉橢圓形，成熟時葉片先端向前伸長，葉基兩側突出成為箭矢形。為一種半攀緣植物，可攀爬至距離地面 2-3 公尺高。節間短，覆於根莖及嫩枝上的鱗片將隨時間逐漸轉為深紅棕色，表皮中度粗糙，葉柄淺綠色，葉表具 7-8 條葉脈。花梗粉色，帶有白色紋理，佛焰花序短，外側為深綠色，內側為紅紫色。外觀類似於 *P. acuminatissimum* 及 *P. balaoanum*，但幼年葉形狀明顯不同。

本物種蔓綠絨是由 M・馬塞拉・莫拉（M. Marcela Mora）在 1998 年於哥倫比亞 El Amargal 自然保護區所發現，在接下來的幾年，湯馬斯・克羅特（Thomas B. Croat）更多次報告了來自厄瓜多西部森林所發現的樣本。栽培容易，喜好遮陰環境，一般以扦插或莖節繁殖。

莎朗蔓綠絨 / 長洗衣板蔓綠絨 ▶

P. sharoniae Croat
原生地：厄瓜多、哥倫比亞

◀鱗柄蔓綠絨
P. squamipetiolatum Croat
原生地：哥倫比亞、巴西、厄瓜多

蔓綠絨 綠色天堂▶
Philodendron 'Paraiso Verde'
葉片長心形，長度可超過1英
尺，別名又稱為 *Philodendron*
'Marina Ruy Barbosa'。Paraiso
是西班牙語「天堂」之意，
而 verde 意為「綠色」，意
指深綠色斑點散布在淺綠色
葉面之葉片特徵。為一種
斑紋相對固定的蔓綠絨，
不太容易返祖。栽培及
繁殖容易，為生長速度
非常快的蔓綠絨物種
之一。由於匍匐生長
的特性，應設置直立
式支架以垂直展現葉
片的美麗，而非使其
在地面蔓延。

夾竹桃科
Apocynaceae

雙子葉植物，含括 367 個屬，超過 5000 個物種，分布於全球熱帶和亞熱帶地區，包含喬木、灌木及藤本植物，本科植物特點是全株各部位具有白色乳汁，單葉，對生或輪生。花序著生於葉腋處或植株先端，兩性花，具花瓣及萼片各 5 枚，果實單個或一對，成熟時沿同一軸開裂，種子末端帶有毛。

絡石屬 / *Trachelospermum*

屬名源自希臘語文，trachelos 意思是「頸部」，而 karpus 意思是「種子」，意指本屬植物圓柱狀的種子特徵。含括約 11 個物種，主要分布於亞洲溫帶地區，僅有少數幾物種分布於東南亞。為藤本或匍匐狀灌木植物，大部分栽培目的是為了欣賞其美麗的花朵或嗅聞花朵的芬芳，僅有少數物種作為觀葉植物。

初雪葛 / 花葉絡石 ▶
Trachelospermum asiaticum
'Snow-N-Summer'

五加科
Araliaceae

含括喬木、灌木或藤本植物，有些物種葉片及莖幹上會覆有刺或毛。本科植物顯著特徵是花序會著生於植株先端或先端附近，包含圓錐花序（panicle）、繖形花序（umbel）及穗狀花序（spike）等型態。兩性花，具花瓣及萼片各 5 枚。廣泛分布於全世界，目前已知有 44 個屬，超過 700 個物種，許多屬別被廣泛作為觀葉植物，大多生長於遮陰處或光線較少的地方，例如常春藤屬（*Hedera*）、福祿桐屬（*Polyscias*）、鵝掌柴屬（*Schefflera*）等。

廣葉蔘屬 / *Trevesia*

屬名源自於義大利帕多瓦植物學家 Treves de Bonfigli 之名。僅含 7 個物種，分布於亞洲大陸。通常生長於潮濕森林或接近水源處，由於葉片形態類似於雪花，俗稱為雪花樹。

▼ 刺通草

Trevesia palmata (Roxb. ex Lindl.) Vis.

原生地：中南半島

小型喬木，株高可達 8 公尺，莖幹及葉柄上覆有毛或小刺，單葉，葉片為大型寬展之掌狀葉，具 5-9 深裂，葉緣不規則狀。在自然界花期為二月至三月，其嫩芽、花芽、及幼花可食用，常被用來與辣椒一起煮湯。為良好的庭園美化或盆栽植物，種植於盆栽的生長速度較地植慢，不喜潮濕的土壤。特別值得注意的是，這種植物耐陰性佳，而且能夠保持葉片不易落下。

棕櫚科
Arecaceae

為人熟知的棕櫚科為單子葉植物，分布於全世界熱帶和溫帶地區，遍及乾燥常綠森林和熱帶雨林。成株為單幹型或叢生型，生於陸地、河濱或水中。泰國人自古以來對此植物的印象為食用植物，像是椰子、西米、檳榔、棕櫚、糖棕；或可製作為器具之植物，如省藤族、瓦理蛇皮果、尼邦刺椰等。棕櫚科含括約有 182 個屬，超過 2,500 個物種。

棕櫚的株型和葉形展現出迷人的美感。在泰國，棕櫚植物自古代便有栽培歷史，然而這段歷史並未被廣泛知曉。僅有部分物種自國外引入，從古代攝影留下的紀錄可見在泰國生長良好。例如圓葉蒲葵（*Saribus rotundifolius*），流行種植為觀賞盆栽。至於其他種則仍然不太為人所知或受到歡迎。

泰國有好幾位種植棕櫚作為觀賞植物的先驅，他們找尋具觀賞價值的原生棕櫚種，像是菱葉棕／鑽石椰子（*Johannesteijsmannia altifrons*）、泰國棕／白象椰子（*Kerriodoxa elegans*）與猩紅椰子（*Cyrtostachys renda*）。藉由種植這些物種，一方面保存了自然種源，同時也培育作為觀賞植物的潛力。此外，他們還引進了許多新棕櫚物種，嘗試將其與其他景觀植物共同種植為觀賞植物，以進行私人收藏的實驗。在這些棕櫚被廣泛種植於公共區域之前，它們已經成為庭園觀賞植物的熱門選擇之一。目前，有許多種品種供人選擇，且大多栽培容易且生命力強韌。

有些物種具引人注目的斑紋，例如馬普軸櫚（*Licuala mattanensis* var. *paucisecta*）、穗花帽棕（*Lanonia dasyantha*）或帽櫚（*Lanonia sp.*）。部分品種的葉片多為淡綠色，伴隨深綠斑紋，作為觀賞盆栽或種植於濕度高的庭院中都能生長良好。

猩紅椰屬 /*Cyrtostachys*

屬名源自希臘文 cyrtos 和 stachys，分別為彎曲和花序之意，意指此屬花序彎曲下垂。含括單幹型和叢生型。約有 7 個物種，分布於東南亞，栽培容易，性喜半日照環境、土壤維持濕潤，以分株或種子繁殖。

猩紅椰子 ▶
Cyrtostachys renda Blume
在大自然中分布於泰國、馬來西亞和蘇門答臘的沼澤或低地雨林。多以 Lipstick Palm 或 Sealing Wax Palm 為人所知。頸部為橘色或猩紅色。叢生灌木，葉片向上生長並稍微向外伸展。不同於其他棕櫚，野生可高達 10 公尺，但若種植於狹小之地，則有助於避免植株生長過大。在此屬當中，為最多人種植的觀賞植物之一。栽培容易、喜歡土壤維持濕潤，非常耐水淹。
註：此屬物種在台灣無法越冬。

隱萼椰屬 / *Calyptrocalyx*

　　中型叢生型棕櫚，羽狀複葉，頂生葉芽通常呈紅棕色，老葉轉綠轉硬。共有27 個物種，分布於摩鹿加群島的熱帶雨林、印尼至巴布亞紐幾內亞。許多物種採集自森林，僅知其來源地名稱，尚未建立形態特徵概述。可種植於盆器或地植，性喜濕熱，喜好濕潤且排水性佳的介質，喜好遮陰環境，不喜強風、天氣乾燥及日照直射，因易引起葉燒。多以種子種植。

▼ **亞伯斯特隱萼椰**
Calyptrocalyx albertisianus Becc.
原生地：巴布亞紐幾內亞

▼ 未發表新種隱萼椰 紗葉
Calyptrocalyx sp. "Benang Daun"
原生地：巴布亞紐幾內亞
臨時個體名源自印尼文，意思為葉紋，頂
生葉芽為紅色。

▼ 豪勒隆隱萼椰
C. hollrungii (Becc.) Dowe & M.D.Ferrero
原生地：巴布亞紐幾內亞

瓊棕屬 / *Chuniophoenix*

　　屬名來自中國植物學家陳煥鏞的名字，含括 3 個物種，分布於中國和越南，為叢生型棕櫚。株型和葉形展現出迷人的美感，堪稱觀賞植物的佳選。不過它們仍未被廣泛知曉，多數被熱愛者所種植。栽培容易，對環境適應力強，喜好充足的陽光，最適生長在排水良好、富含有機物的土壤中。主要以種子繁殖。

▼ 矮瓊棕
Chuniophoenix nana Burret
原生地：越南、中國
為小型棕櫚樹，樹高僅有 1.5
公尺。外型與棕竹（*Rhapis
excelsa*）相似，常種植於盆
栽或地植。

彩果椰屬 / *Iguanura*

　　屬名源自西班牙文 iguana，指蜥蜴；以及 nura ，意思是尾巴，意指花序匍匐狀如蜥蜴尾巴。為單幹型或叢生型。葉為單頁或羽狀複葉，莖幹無刺，花朵雌雄同株。含括 32 個物種，分布於泰國南部、馬來西亞，遠至婆羅洲、蘇門答臘。性喜炎熱潮濕天氣，在熱帶國家能成長良好，栽培容易，喜好遮陰處、性喜高濕度環境和排水性佳且富含機質之壤土，多以種子繁殖。

▼ 多形彩果椰
Iguanura polymorpha "Variegata"
為一種非常美麗的棕櫚，常見於泰國南部及馬來西亞的熱帶
雨林，在泰國為種子繁殖之變異品種。

葦椰屬 / *Geonoma*

　　屬名源自希臘文，意思為群體，意指其在自然界中聚成群體的生長型態。此屬已存在兩百年，為小型或中型棕櫚，包含單幹型或叢生型。一個物種的葉子就具多種形態特徵，如相連或分岔；幼年葉通常顏色鮮豔，像是粉紅、紅、淺咖啡色等；成熟葉經常是深綠色。含括 65 個物種，分布於墨西哥及其以下的南美洲各地。每個物種皆為熱帶雨林的地被植物，亦出現於海拔高達 3,150 公尺、氣候常年涼爽之處，例如 *Geonoma weberbaueri*。大部分可種植於泰國，但生長緩慢，喜好遮陰處、高濕度環境和排水良好之介質，不喜積水。以種子繁殖。

▼**寶麗葦椰**
Geonoma pohliana Mart.
subsp. *pohliana*
原生地：巴西

▼大穗葦椰

G. macrostachys Mart.

原生地：巴西、厄瓜多、哥倫比亞、秘魯、委內瑞拉

中型棕櫚，成株高度最長不超過 3 公尺，分布於熱帶雨林，當地人利用其葉子覆蓋屋頂，果實可食用，單葉、葉為黑色，不分枝，呈現鋸齒狀。來自亞馬遜森林西部之國家包括哥倫比亞、秘魯和巴西。過去學名為 *G. atrovirens*，現今已經不使用此名，為同物異名，此物種罕見，相較於一般綠葉，它的葉片顏色頗有特色。

菱葉棕屬 / 鑽石椰子屬 / *Johannesteijsmannia*

屬名源自於在印尼茂物植物園任職的德國植物學家約翰內斯·泰斯曼（Johannes Teijsmann）之名。含括 4 個品種，僅分布於東南亞，尤其是泰國南部、馬來西亞以及婆羅洲和蘇門答臘。常生長於有落葉堆積且排水良好的陡坡或山脊。

單幹型棕櫚，葉片長，葉呈扇狀菱形，葉柄長有刺。雌雄同株異花，是世界上第三大單生棕櫚。在泰國僅發現一個物種，為菱葉棕／鑽石椰子（*Johannesteijsmannia altifrons*），為巴吉瓦馬農特聘教授所命名，意指用來為國王遮陽的傘蓋。因學名既長且難以發音，外國人簡稱它為「Joey Palm」，這是學名的縮寫。所有菱葉棕屬的物種都相對難以栽培，它們偏愛高濕度的環境和遮蔭處，需要特別照料。也因此被認為是最獨特的觀賞棕櫚之一。

菱葉棕／鑽石椰子 ▶
Johannesteijsmannia altifrons (Rchb.f. & Zoll.)
H.E.Moore
原生地：泰國、馬來西亞
種名 altifrons 的意思是葉長，其葉長可達 7 公尺。僅有菱葉棕這個物種可見於泰國，尤其是也拉府和那拉提瓦府。亦可見於馬來西亞、婆羅洲和蘇門答臘海拔 300-900 公尺處，是該屬分布最廣的物種。

◀狹菱葉棕／劍葉菱葉棕
J. lanceolata J.Dransf.
原生地：馬來西亞

◀霹靂菱葉棕
J. perakensis J.Dransf.
原生地：馬來西亞
是唯一一個高莖幹的菱葉棕物
種，清楚可見其由地面長出，
葉片和菱葉棕（*J. altifrons*）相
似，但稍微更窄小一些。

白背菱葉棕►

J. magnifica J.Dransf.
原生地：馬來西亞
其特徵和菱葉棕（*J. altifrons*）接近，但葉背有
灰白色粉質，是非常吸睛且美麗的物種。

雙扇棕屬 / *Sabinaria*

　　屬名源自於建立本屬植物描述者的女兒之
名 Sabina Bernal Galeano。大型單幹型棕櫚，
高可長達 1-6 公尺，葉大、幼年葉形狀類似 V
字形，成熟葉呈現兩側相連的半圓形，但從
中間岔裂分開。葉片為鮮綠色，葉背有銀色
粉質，葉緣呈牙齒狀。葉柄長、無刺，花
序接近植株先端，花向下彎曲懸垂，果實
大而圓，通常附著於種子呈現束狀。本
屬僅含一個物種，常呈小群群生於海拔
100-250 公尺的熱帶雨林，分布於距巴
拿馬不超過 1 公里的哥倫比亞邊境。
為 2013 年發現的新物種，觀葉植物
業界對此感到十分興奮，因其罕見
且美麗，適合作為觀賞植物，目
前已經更廣為人知。喜遮陰、高
濕度環境，以種子繁殖。

雙扇棕 ▶
Sabinaria magnifica Galeano & R.Bernal
原生地：哥倫比亞

泰國棕屬 / 白象椰子屬 / *Kerriodoxa*

　　屬名源自採集此物種的亞瑟·弗朗西斯·喬治·科爾（Arthur Francis George Kerr）以及希臘文 doxa，意思是名望或榮譽。為單幹型棕櫚，高可達 12 公尺。掌狀複葉、深綠色，背面為銀白色，葉向外伸展，葉柄為深褐色，無刺。本屬僅含一個物種，只見於泰國，生長於海拔 150-300 公尺的熱帶雨林，遍布普吉島、攀牙府和素叻他尼府。栽培容易，喜遮陰、濕熱和高濕度環境，性喜排水性佳且有機介質含量高的介質。以種子繁殖。

▼泰國棕 / 白象椰子
Kerriodoxa elegans J.Dransf.
原生地：泰國

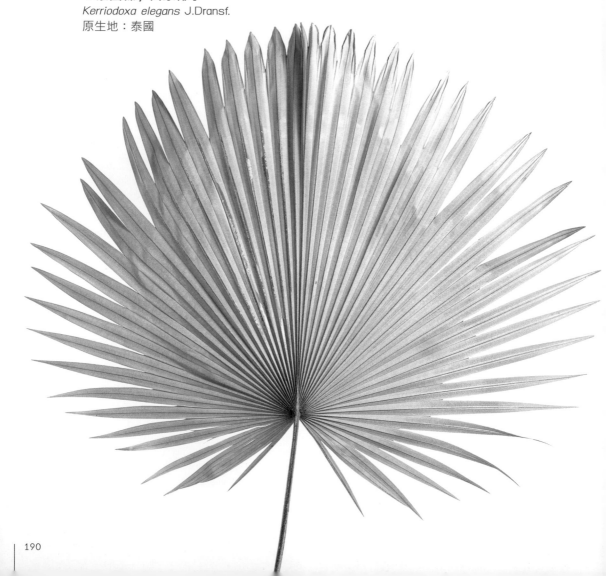

▼斑葉泰國棕／白象椰子
K. elegans "Variegata"

帽棕屬 / *Lanonia*

　　屬名來自越南文 La Non，為當地用來稱呼中心帽棕（*Lanonia centralis*）的
用語。這屬植物常用來製作越南傳統帽子 Nón Lá，屬內含括 13 個物種，分布
於中國南部、越南、寮國及印尼。此新屬幾年前才從軸櫚屬（*Licuala*）中被獨
立出來，因為兩屬特徵非常相似，不同之處僅有花朵雌雄異株。掌狀複葉，大
部分中間的兩個分岔會靠在一起。目前，在越南和印尼的森林深處仍不斷發現
這一種屬的新物種。其中有些物種的美麗程度相較於其他物種並不遑多讓。大
多不難栽培，喜好遮陰、高濕度環境及有機質含量高且排水良好的栽培介質。

▼ 穗花帽棕

Lanonia dasyantha (Burret) A.J.Hend. & C.D.Bacon
原生地：越南、中國
能種植於室內的棕櫚，高可達 2 公尺，葉色深綠，葉片上
有淡淡的深綠色斑紋。類似馬普軸櫚（*L. mattanensis* var.
paucisecta），花朵雌雄同株異花。分布在越南北部及中國
南部，相較於其他物種更耐寒，生長於海拔 100-1,000 公尺，
栽培容易。喜遮陰、高濕度之環境，於泰國生長良好，以種
子繁殖。

▼ 斑葉瓊帽棕
L. hainanensis (A.J.Hend., L.X.Guo & Barfod) A.J.Hend. & C.D.Bacon "Variegata"

▲ 未發表越南產帽棕 ▼
Lanonia sp. "Vietnam"
此物種的葉子花紋十分美麗，這兩個物種都是越南北部的野生物種，被發現於同一個區域；但花序和種子明顯不同，有望成為未來可進一步研究的棕櫚新物種。

軸櫚屬 / *Licuala*

含括 167 個物種，分布於亞洲，包括印度、緬甸、中國、寮國、越南、泰國，廣布至澳洲及所羅門群島。含單幹型和叢生型，葉呈扇形或掌狀，厚葉為具光澤感之綠色，有些物種葉柄有刺，大部分花朵為兩性花。有些物種為大型植物，像是澳洲軸櫚（*Licuala ramsayi*），可高達 25 公尺；有些物種為小型植物，高度不及 30 公分，例如三葉軸櫚（*L. triphylla*）。栽培容易，適合作為園藝植物，可地植或種植於遮陰處的盆栽內，喜陰涼處，以種子或分株繁殖。

▼ 馬丹軸櫚
Licuala mattanensis Becc.
原生地：婆羅洲
單幹型棕櫚，葉分岔。在一些書籍中區分為兩個亞種，一種是馬丹軸櫚原變種（*L. mattanensis* var. *mattanensis*），葉片淺綠色無斑紋，另一種是馬普軸櫚（*L. mattanensis* var. *paucisecta*），也就是大家俗稱的Mapu，有深墨綠色花紋。為世界上最美麗且著名的棕櫚之一，僅可見於婆羅洲。成株並不是太高大，適合種植於盆栽，喜好高濕度環境、濕潤土壤，應放置於水盤中供水，不需擔心爛根。

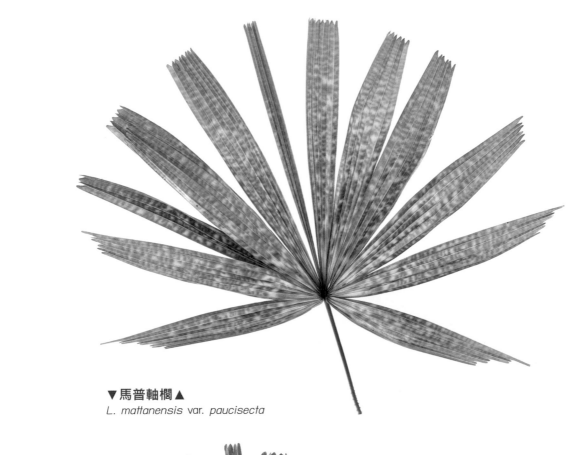

▼馬普軸櫚▲

L. mattanensis var. *paucisecta*

◀距裂軸櫚
L. distans Ridl.
原生地：泰國

加里曼丹產未發表軸櫚▶
Licuala sp. "Kalimantan"
原生地：婆羅洲

▼薩哈拉軸櫚

L. sallehana Saw

原生地：馬來西亞

種名來自馬來西亞森林研究所前所長 Salleh Mohd Nor 的名字。僅可見於馬來西亞登嘉樓熱帶雨林，為單幹型棕櫚，成株約兩公尺高。葉片直豎開展不分裂，葉緣微鋸齒狀，腹面呈深綠色，背面顏色較淺。有些書籍會分為兩個亞種，即 *L. sallehana* var. *sallehana*，其葉子相連成一片；以及 *L. sallehana* var. *incisifolia*，其葉分岔。栽培容易，喜遮陰、高濕度環境及排水良好之壤土。

▼圓葉軸櫚

L. orbicularis Becc.

原生地：婆羅洲

種名的意思為圓形，反映其特徵。單幹型棕櫚，成株株型低矮，莖幹不如其他物種高聳。葉片綠而寬大，從俯視的角度看，葉片呈現出多層圓形堆疊的效果。形似圓葉棕櫚，但托葉並不相連，葉子角度稍微朝上，葉片帶有銀色光澤，成株葉子直徑可長達1.5公尺。價格高昂、生長緩慢，但栽培容易，喜好排水良好之土壤、遮陰環境，盆栽底部應放置水盤供水，以維持穩定濕度。

註：左右兩種植物都非常怕冷，在臺灣不容易種植。

▼ **心葉軸櫚**
L. cordata Becc.
原生地：婆羅洲
種名的意思為心形，意指其葉子特徵，單幹型棕櫚，株型低矮，葉大、葉色亮綠，葉柄長且清晰可見，葉片圓潤，以致托葉相近或相連。成株葉子直徑可長過 60 公分。為價格高昂的觀賞植物，生長緩慢、栽培容易，喜排水良好土壤、遮陰環境，盆栽底部應放置水盤供水，以維持穩定濕度。

天門冬科
Asparagaceae

本科為單子葉植物，多年生草本植物，莖幹直立、匍匐，或為半灌木，具有地下走莖或塊狀地下莖。花朵為聚繖花序，花朵通常呈現長串直立或匍匐狀，花朵雌雄同株或雌雄異株。有6個花瓣，分開或相連。有些物種具香味，含括超過120個屬，約3,000個物種，大部分栽培容易、抗耐性高、環境適應力佳，普遍作為觀賞植物，例如蜘蛛抱蛋屬（*Aspidistra* spp.）和酒瓶蘭屬（*Beaucarnea* spp.）。

玉簪屬 /*Hosta*

屬名源自奧地利植物學家 Nicolaus Thomas Host 之名，為多年生草本植物。具有塊狀地下莖或大型地下走莖，含括約 20 個物種，分布於東北亞，如中國、日本及俄羅斯。在寒帶及溫帶國家為十分受歡迎的觀賞植物，包括美國、歐洲，及氣候寒冷的亞洲國家如韓國、中國和日本。由於相對耐寒，且花朵有微微香味，目前已培育出許多新品種，使葉子有更多變化，包括各種葉形、細微特徵和葉色，已累積選育出百種品系；亦有協會成立，如英國的玉簪屬和萱草屬協會（British Hosta and Hemerocallis Society），美國的玉簪屬協會（American Hosta Society）。協會除了提供該屬的相關正確知識，也出版期刊觸及更多群眾。在泰國玉簪屬尚未受到歡迎，因其性喜寒冷氣候，引入泰國栽培後，常常發育不良或患病。根據栽培試驗發現，小葉物種比大葉物種更耐熱，應種植於明亮光線環境，但不宜過度曝曬，具一定耐陰性，喜濕潤但不過濕。

玉簪 革命▶
Hosta 'Revolution'

▼玉簪 火與冰
Hosta 'Fire and Ice'

▼玉簪 湖畔簇叢
Hosta 'Lakeside Little Tuft'

▼玉簪 萬年雪線
Hosta 'Brim Cup'

▼玉簪 杯緣
Hosta 'Firn Line'

球子草屬 / *Peliosanthes*

　　為小型多年生草本植物，至少有 56 個物種，分布於東南亞。葉子細長、先端尖銳，葉子先端通常向下彎曲，走莖小，肉質根肥大飽滿。花梗著生於走莖，大部分常見於莖幹基部；只有一些物種著生於葉叢之上，形成地被植物，可見於地表落葉堆積處或樹木基部。泰國人會把球子草作為民間藥草，將塊莖或葉子壓碎後拌入白酒，敷在膿腫處以減輕炎症，或是放入熱水燉煮以用來退燒，也相信種植此植物能保平安。栽培容易，喜遮陰處，常以分株繁殖或種子繁殖。

▼未發表斑葉球子草
Peliosanthes sp. "Variegata"

龍血樹屬 / *Dracaena*

　　先前劃分為 2 大群，一是龍血樹型（Dragon Tree），為大型喬木，像是卡維薩龍血樹
（*Dracaena kaweesakii*）、龍血樹（*D. draco*）；二是灌木型，為小型森林灌木，如坎特利
千年木（*D. cantleyi*）、虎斑千年木（*D. goldieana*）。但不久前植物學家進一步研究之後，
已將虎尾蘭屬在分子生物學上與龍血樹屬合併為同源系群，其實它們的花序形態上本來就
十分相似。虎尾蘭屬的每個物種皆更正為龍血樹屬。目前龍血樹屬含括約 190 個物種，分
布於中美洲、非洲、亞洲和澳洲。有喜遮陰處亦有耐受日光直射的物種，相當適合作為室
內觀賞植物。栽培容易，大部分以葉片扦插繁殖，或分株繁殖。

◀雜交種龍血樹▶

Dracaena hybrid
本物種為前虎尾蘭屬（*Sansevieria*）
及龍血樹屬（*Dracaena*）雜交而得，
為巴莫特・羅傑魯昂桑先生於寶石
花園育種超過 10 年的雜交作品，從
而可見這兩群親緣相近。

▼ 長莖虎尾蘭 超級巨星
D. caulescens (N.E.Br.)
Byng & Christenh. 'Superstar'
為來自寶石花園以葉片扦插法育成的
變異種。

▶ 斑葉虎尾蘭 天際線
Dracaena 'Skyline' (Varigated)

▼艾爾虎尾蘭

D. eilensis (Chahin.) Byng & Christenh. 'Lavranos 10178'

本流通個體來自植物標本採集編號 Lavranos 10178，為希臘植物學家和植物採集者約翰·雅各布·拉夫拉諾斯（John Jacob Lavranos）在索馬利亞採集的模式標本作為這個物種的特徵鑑定標準。為屬內最稀有且生長最緩慢的物種之一，葉子為圓柱形，中心處膨大，葉片中間突起處呈海藍色，葉基有小凹槽，成林不大。

▼斑葉福斯科爾虎尾蘭

D. forskaliana (Schult. & Schult.f.) Byng & Christenh. "Variegata"

▼銀斑肯亞虎尾蘭
D. kenyensis 'Silver Variegated'
先前學名為 *Sansevieria bella*
'Silver'。

► **津巴布韋新種虎尾蘭 R1734**
Dracaena sp. 'Zimbabwe R1734'

▼ **斑葉福斯科爾虎尾蘭 窄葉**
D. forskaliana 'Angustior' (Variegated)
先前學名為 *Sansevieria elliptica* 'Angustior'。

► **虎尾蘭 布魯達**
Dracaena 'Bruda'
寶扇虎尾蘭 (*D. masoniana*) 和福
斯科爾虎尾蘭 (*D. forskaliana*) 的
雜交種，自菲律賓引進。先前
學名為 *Sansevieria masoniana*
和 *S. elliptica*。

▼ 虎尾蘭 星光
Dracaena 'Starry'

▼ 虎尾蘭 滿大人
Dracaena 'Mandarin'

◀虎尾蘭 猜寧 多律
Dracaena 'Chanin Thorut'

◀虎尾蘭 洛克人
Dracaena 'Rockman'

▶虎尾蘭 皇冠
Dracaena 'Royal Crown'

◄斑葉法蘭西斯虎尾蘭
D. francisii (Chahin.)
Byng & Christenh. "Variegata"

►虎尾蘭 天使之翼
Dracaena 'Angel Wing'

►斑葉紅筆虎尾蘭
D. erythraeae (Mattei)
Byng & Christenh. "Variegata"
可見於衣索比亞的各處沼澤,為來自
夏威夷 Koko Center 的一種樹,被稱
為 *Sansevieria schweinfurthii* USDA
#19471。此樹用於開發纖維,之後透
過葉片扦插繁殖出變異種。

► 斑葉木筆虎尾蘭 黑
D. suffruticosa (N.E.Br.)
Byng & Christenh. 'Black' (Varigated)

► 斑葉木筆虎尾蘭 衣索比亞
D. suffruticosa 'Ethiopia' (Varigated)

▼ 斑葉木筆虎尾蘭 摩多摩
D. suffruticosa 'Motomo'
(Varigated)

▼ 斑葉普維爾虎尾蘭
D. powellii (N.E.Br.) Byng & Christenh. "Variegata"

▼斑葉未發表新種虎尾蘭 拉夫拉諾斯 24561

Dracaena sp. Lavranos 24561 "Variegata"
此物種的名字來自植物標本編號 Lavranos 24561，由約翰·雅各布·拉夫拉諾斯（John Jacob Lavranos）於 1986 年從索瑪利亞的蘇爾（Sool Region）採集。有些植物學家認為其外觀與 Lavranos 23319 很相似。

▼斑葉虎尾蘭 瑪莎 安札尼

Dracaena 'Marsha Anjani' (Varigated)
來自荷爾虎尾蘭（*D. hallii*）和匹爾森虎尾蘭（*D. pearsonii*）之雜交種。

**▼斑葉未發表新種虎尾蘭
拉夫拉諾斯 23395**

Dracaena sp. Lavranos 23395 "Variegata"
於 1985 年在索馬利亞採集到的標本，位置是努加爾州（Nugaal）以北 5 公里的艾勒區（Eyl）。至於其他種則不確定於何處被發現。

▼斑葉漢寧頓虎尾蘭

D. hanningtonii Baker "Variegata"
先前學名為 *Sansevieria ehrenbergii*。

▼斑葉虎尾蘭 安德曼

Dracaena 'Andaman' (Varigated)

▼ 斑葉安哥拉虎尾蘭 邦塞爾
D. angolensis (Welw. ex Carrie-re)
Byng & Christenh. 'Boncel' (Varigated)
先前學名為斑葉石筆虎尾蘭 邦塞爾（*Sansevieria cylindrica* var. *patula* 'Boncel'）。

斑葉安哥拉虎尾蘭▼
迷你邦塞爾
D. angolensis
'Boncel Mini' (Varigated)

▼ 虎尾蘭 哈比人
Dracaena 'Hobbit'

▼ 虎尾蘭 小胖胖
Dracaena 'Poompui'

▼ **虎尾蘭 雅雅**
Dracaena 'Yaya'
於 Unyamanee Garden 育成出的
雜交矮性虎尾蘭。

▼ **斑葉虎尾蘭 明 曼尼**
Dracaena 'Ming Manee' (Varigated)

阿福花科
Asphodelaceae

本科為單子葉植物，約有 40 個屬、超過 900 個物種。分布於歐洲、非洲、亞洲和澳洲。先前屬於天門冬科（Asparagaceae），但後續進一步的研究使得該科一些深受歡迎且在觀賞植物界廣為人知的屬，像是樹蘆薈（Aloidendron 或稱 Tree Aloe）以及鯊魚掌屬（Gasteria）等——也轉移至此科。

桔梗蘭屬 / 山菅蘭屬 /Dianella

屬名來自狩獵女神黛安娜，意指分布於田野的特性。共有 39 個物種。可見於非洲、亞洲和澳洲。為多年生草本植物，枝條纖細，葉片環生於枝條或一排互生於同一平面而形似扇狀。花序從葉鞘伸出、花序直立，花莖小，花瓣有白色、灰色或紫色。許多物種為全世界用來妝點園林的觀賞植物，有些物種喜好寒冷氣候，特別是那些帶有灰藍色葉子的品種，例如 Dianella caerulea 'Cassa Blue'（藍幹）或 D. revoluta 'Blue Stream'（藍流）；也有許多物種對熱帶國家氣候適應良好，尤其是那些有助於讓空間更加美觀與明亮的斑葉物種。栽培容易，喜好排水良好之土壤，在日照直射或遮陰處皆能生長，常以分株繁殖。

◀桔梗蘭 / 山菅蘭
Dianella ensifolia (L.) Redout
原生地：亞洲、非洲

註：請特別留意下列 3 個物種皆有劇毒，應避免誤食。

▼金邊桔梗蘭／山菅蘭
D. ensifolia 'Border Gold'

▼銀線桔梗蘭／山菅蘭
D. ensifolia 'Silver Streak'

曇華科／美人蕉科
Cannaceae

　　單子葉植物，多年生草本植物，具地下走莖，而高於地面的莖幹為假莖，和葉鞘互相交疊。總狀花序、頂生出花，果實圓球狀，外層為堅硬種皮，內含黑色種子。曇華科／美人蕉科僅含一個屬，分布於北美洲和南美洲，在全世界作為觀賞植物種植；有些物種則作為食用，例如蕉芋（Canna discolor，現稱為 C. edulis），在印度和澳洲已經形成產業。

曇華屬／美人蕉屬／ Canna

　　屬名為拉丁文，意思為木棍，意指其莖幹的特徵。約含括 12 個物種。大概在西元 1500 年，有人將其引進歐洲種植，後於 1629 年，此屬首次被記錄於約翰帕金森（John Parkinson）的著作《Florilegium》，當中明確提到美人蕉／蓮蕉／曇華（Canna indica）自西印度引入，最早種植於西班牙和葡萄牙。18 世紀末、19 世紀初，法國和義大利的植物育種家培養此觀花植物，育成花更大的品種，越來越受歡迎，也讓更多人認識美人蕉屬。在泰國稱作美人蕉，泰國人對其印象是觀賞植物，單純為了欣賞其花朵美麗而種植。但實際上，歐洲人育出一些運用美人蕉葉子的品種，稱之為 Foliage Group，這些品種的美人蕉有紅葉或紅葉邊，花小，不像花大單葉的美人蕉品種那麼引人注目。這些品種包含黑食用美人蕉（Canna 'Edulis Dark'）、安格斯費律耶（Canna 'Auguste Ferrier'）、興致（Canna 'Intrigue'）、費蘭迪（Canna 'Ferrandii'）等；或源自第一位美人蕉育種者的名字 Théodore Année 而稱為 Année Group。

　　除了彩葉美人蕉，斑葉美人蕉也屬於這一類。種植有斑點葉子的美人蕉並非新鮮事，因為從 1899 年就有一位藝術家畫了一種名為彩虹（Canna 'Rainbow'）的斑葉美人蕉，可惜此品種已經從名錄中消失了。不過慶幸的是，在那之後還有許多斑葉美人蕉品種誕生，並且直至今日仍然廣受歡迎，包括紅斑、黃斑和白斑等各種不同類型的斑點。除此之外，在泰國也有育種出花朵和葉子色彩更加鮮艷的品種。

　　這屬植物栽培容易，喜好水分和陽光直射，在像泰國這樣炎熱潮濕的環境中生長良好。生性強健，既能適應排水良好的土壤或黏土，也能種植於盆栽或田間，以分株或種子繁殖。

▼ **美人蕉 黃翁貝托王**

Canna 'Yellow King Humbert'

據了解，這種美人蕉品種是通過嵌合體（Chimera）突變，或是將兩種美人蕉進行細胞融合育成的，因此每株葉子形態特徵都不同，展現出綠葉和暗紅色條紋恰到好處的比例變化。花為橘色或紅色，每次綻放出不一樣的花色。為一種古老的美人蕉品種，1929 年即被記錄在桑德雷格（Sonderegger）公司的目錄中，當中描述其從 *Canna* 'Roi Humbert' 分株，後來被一些育苗場簡稱為翁貝托王（*Canna* 'King Humbert'）。但泰國人通常稱它為「埃及艷后」（*Canna* 'Cleopatra'），並以為這是 Rosalinda Sarver 在中國發現的品種，但許多專家認為，事實上它們屬於同一個體，因為幾乎沒有任何差異。

▼ **美人蕉 司徒加特**
Canna 'Stuttgart'
從安妮（*Canna* 'Annei'）這個品種變異而來，由布魯克林植物園（Brooklyn Botanic Garden）的 Bob Hayes 培育。葉子容易燒傷，應將其種植在陰涼且水分充足之處。此外還有另外一種樣態，葉片綠色、葉緣銀白色，在泰國稱之為奧米加（*Canna* 'Omega'），用來指其和佛羅里達香蕉相似的斑葉特徵。

▼美人蕉 法西翁

Canna 'Phasion'

為斑葉橘花的美人蕉，還有許多其他名稱，例如非洲日落（*Canna* 'African Sunset'）、獄火（*Canna* 'Inferno'）、虎紋（*Canna* 'Tiger Stripe'）、德本（*Canna* 'Durban'）、熱帶風情（*Canna* 'Tropicana'），但相關資訊甚少。最早是在 1997 年的「Brockings Exotics」小冊子中有此物種的發現紀錄。後來它也獲得 2002 年英國皇家園藝學花園優異獎，彰顯了其耐受性佳，可適應炎熱氣候、極耐寒，是美麗且栽培容易的一種斑葉美人蕉，成株可高達 1-2 公尺。

黃斑葉美人蕉▶

此類有許多品系，全株葉片布滿黃色斑紋，高 1-2 公尺，它們的外形相似，以致若沒注意到花瓣的顏色和花序，很難分辨為哪一品種。

黃色大花瓣、花朵中央有白色線條的品種稱為斑葉特里納克里亞（*Canna* 'Trinacria Variegata'）。此古老品種於 1927 年即記載於 S. Percy-Lancaster 的書籍《*Gardening in India：An Amateur in an Indian Garden*》。據傳此品種是從特里納克里亞（*Canna* 'Trinacria'）演變而來，*Canna* 'Trinacria' 於 1923 年引進泰國，於是也有人稱此種斑葉美人蕉為暹羅之王（*Canna* 'King of Siam'）、曼谷（*Canna* 'Bangkok'）、曼谷黃（*Canna* 'Bangkok Yellow'）、或曼谷條紋美人（*Canna* 'Striped Beauty of Bangkok'），另外也還有許多名稱，如米奈娃（*Canna* 'Minerva'）、涅槃（*Canna* 'Nirvana'）或曼谷條紋糖果（*Canna* 'Striped Candy'）等等。

至於整朵花為橘色的品種為孟加拉虎（*Canna* 'Bangal Tiger'），初次現身在 1950 年代的印度，但有許多人誤解並為之另取新名，像是普勒托尼亞（*Canna* 'Pretoria'）、斑葉淡白（*Canna* 'Pallida Variegata'）、馬拉威（*Canna* 'Malawiensis'）、熱帶風情金（*Canna* 'Tropicanna Gold'）等，其實這些都是同一品種。

此外還有許多品種的葉子具有相同特徵，例如全紅花的赤虎（*Canna* 'Red Tiger'）、花朵橘色、葉緣黃色的橘虎（*Canna* 'Orange Tiger'）以及白花的白虎（*Canna* 'White Tiger'）等等。

鴨跖草科
Commelinaceae

為一年生或多年生草本植物，莖幹直立或呈節狀延地面匍匐。全株各部位折斷時會有黏液流出。花朵著生於植株先端或著生於葉腋處，花朵為兩性花或者雌雄同株。花瓣有 3 瓣，雄蕊 6 枚排成 2 圈，每花朵綻放時間不長。含括約 40 餘屬、650 個物種，分布於全球熱帶及溫帶區域。

大部分可見於田間或森林邊界，有些屬常作為觀賞植物或廣泛作為室內盆栽植物，像是紫錦草（*Tradescantia pallida*）、紫背萬年青（*T. spathacea*）等等。幾乎所有品種都容易栽培繁殖。然而，若栽培地點過於遮陰，葉片可能會彎曲且容易腐爛。大部分品種喜好通風良好的環境，適合種植於有機質含量高且排水良好的介質，通常以種子或扦插繁殖。

漿果鴨跖草屬 / *Palisota*

先前被歸類於鴨跖草屬，分布於中非及西非。有些物種高達 3 公尺，為矮性灌木或匍匐莖。只有一個物種為藤本植物：托隆漿果鴨跖草（*P. thollonii*）。包含約 25 個物種，常以種子繁殖。引入泰國作為觀賞植物已有很長歷史且生長良好，大部分容易栽培與繁殖，只是尚未廣為人知。

▼ **斑葉苞漿果鴨拓草**
Palisota bracteosa C.B.Clarke "Variegata"
多年生灌木。葉綠且大、葉片上有細毛，株型寬達 60 公分，花序為聚繖花序，花朵聚生於葉。果實為鮮紅色，栽培容易，但分枝緩慢。從變異品種生出的種子大部分會長出綠色葉子。

錦竹草屬 / *Callisia*

　　屬名來自希臘文 kallos，為美麗的意思。含括 42 個物種，分布於北美洲及南美洲。大部分為小型，比起地植，它更適合作為盆栽觀賞植物。喜排水良好之壤土，若水分不足，下位葉或老葉的邊緣會乾枯，先端會捲曲，因此應穩定持續供給水分，勿使栽培介質過於乾燥。此外，若有養狗或貓亦應避免栽植，因可能會引起皮膚過敏反應。不難栽培，若悉心照料則生長快速，常以扦插繁殖。

▼秀麗條紋錦竹草
Callisia gentlei Matuda var. *elegans*
(Alexander ex H.E.Moore) D.R.Hunt

►鋪地錦竹草 粉紅女士
C. repens (Jacq.) L. 'Pink Lady'

◄金鋪地錦竹草
C. repens 'Gold'

鴨舌疝屬 / 藍耳草屬 / *Cyanotis*

　　屬名源自 2 個希臘文：kyanos 和 ous，分別為深藍色和耳朵之意，意指花瓣呈藍色捲曲狀。分布於非洲、南亞及澳洲北部，含括約 30 個物種。為多年生草本植物，全株肉質。葉形窄長，左右互生於同一平面。葉子通常覆有毛狀物。在泰國僅可見鈍葉藍耳草（*Cyanotis obtusa*）此物種作為觀賞植物種植。

▼ **鈍葉藍耳草**
Cyanotis obtusa (Trimen) Trimen

絨氈草屬 /*Siderasis*

　　屬名來自希臘文 sideros，意思是鐵，意指覆蓋於葉片上的紅棕色毛狀物形似鐵銹，因此也有棕蜘蛛草（Brown Spiderwort）此一俗稱。這屬植物為巴西特有，僅包含兩個物種，為多年生草本植物，全株肉質，以叢生灌木形式生長。葉片環生，覆蓋有棕色毛狀物；花序著生於葉腋處，花朵具有雌雄同體的特性。在印尼，這種植物被用作觀賞植物，十幾年前引進泰國種植，其中一種是暗葉絨氈草，它的花朵呈紫色。這些植物容易栽培，喜歡生長在遮陰且排水良好的土壤中，通常分株繁殖。

▼暗葉絨氈草
Siderasis fuscata (Lodd.) H.E.Moore

水竹草屬 / 紫露草屬 / *Tradescantia*

　　此屬屬名是為了紀念約翰‧特雷德斯坎特（John Tradescant）這位英國草藥學家。含括超過 75 個物種，分布於西半球，從加拿大到西印度群島。為多年生草本植物，莖幹匍匐生長於地面，全株肉質，葉片薄。栽培容易，生長快速，常種植於小型盆器或懸掛型吊盆，生長快速的品種則常作為地被植物。耐旱性佳，但缺水時葉子樣貌較差，若穩定持續供水，葉子較為亮眼美麗。常以莖部扦插繁殖。

▼ **紫錦草**
Tradescantia pallida (Rose) D.R.Hunt
原生地：墨西哥

▼小蚌蘭 / 紫背萬年青
T. spathacea Sw. 'Dwarf'
原生地：貝里斯、瓜地馬拉、墨西哥
小蚌蘭是莖幹短的地被植物，匍匐生長於地表，葉長、先端尖銳，葉面深綠色、葉背紫色，花簇生在葉上，苞片形似包包，內有小白色花瓣。除了一般的小蚌蘭，還有其他品種，比如株形較大且分枝較少的品種、葉面葉背都呈淺綠色的品種、黃色斑葉品種、白色斑葉品種。每個品種皆栽培容易，分枝快速，常以分株繁殖，喜好水分和陽光直射環境，耐旱性佳，若陽光不足，葉片會捲曲並生長惡化，但不至於死去；若至於陰影處，莖幹為了尋找光線會拉長。民間常用來作為藥草，放入熱水燉煮，用於退燒、舒緩喉嚨痛或發熱。

▼大蚌蘭 / 紫背萬年青
T. spathacea 'Giant'

▼綠葉蚌蘭／紫背萬年青
T. spathacea 'Green'

▼彩葉蚌蘭／紫背萬年青
T. spathacea 'Vittata'

▼金葉蚌蘭 / 紫背萬年青
T. spathacea 'Golden Finger'

▼金紋蚌蘭 / 紫背萬年青
T. spathacea 'Sitara's Gold'

▼三色蚌蘭 / 紫背萬年青
T. spathacea 'Tricolor'
還有許多名稱，如 Dwarf Tricolor 和 Sitara。

霓虹水竹草▶
T. albiflora 'Nanouk'

白雪姬／雪絹▶
T. sillamontana Matuda
原生地：墨西哥
葉和莖幹附著細毛，彷彿纖維包覆，
若光線充足且澆水不至太過量，細
毛會茂密生長，多於光線微弱及正
常澆水量下的植栽。

白雪姬／雪絹錦▶
T. sillamontana "Variegata"

水竹草▶
T. fluminensis
此種水竹草的葉子比其他種
水竹草油亮，花朵小、花瓣
白色，栽培容易，繁殖快速。
綠葉通常為外來種，入侵許
多國家，像是澳洲、紐西蘭、
南非等。

▼吊竹草
T. zebrina Bosse
原生地：墨西哥、哥倫比亞
披針形葉，葉片為紫色，表面有清晰的銀色條紋。因栽培
容易、繁殖快速，各地皆普遍栽培，廣為人知。常作為庭
園景觀地被植物，或種植於吊盆以美化空間。

▼ 斑葉吊竹草
T. zebrina "Variegata"

蘇鐵科
Cycadaceae

為裸子植物，其下僅有蘇鐵屬，但至少包含了 113 個物種，分布於非洲、亞洲和澳洲。這個屬下的許多物種都以其特殊的葉子而著稱，例如德保蘇鐵（*Cycas debaoensis*）的葉子看起來就像竹子一般。有些物種還展現出其他植物難以見到的鮮豔葉色，例如凱恩斯蘇鐵（*C. cairnsiana*）的藍色葉子，相較於其他蘇鐵更加出眾。本屬具有觀賞價值，其中一些種類的價格相對較高。喜好排水良好且不積水的土壤，對環境適應能力良好，然而它們的生長速度相對較慢，有些甚至需要栽培長達十年才能開花和繁殖。其中一些物種在許多國家已被列為保育物種，因此在購買或銷售時需事先獲得許可或依法取得執照。

蘇鐵屬 / *Cycas*

有粗厚的地上部莖幹。葉有兩種，一種為羽狀複葉、葉序環生、葉片乾硬。許多物種的葉子先端刺尖；另一種葉子為小葉，稱之為鱗片狀葉（Scaly Leaves），在莖幹中心會結成類似具花朵生殖功能的毬果（cone），雌雄異株，毬果花呈長圓錐形者為雄株，裡頭有大量的小孢子葉；毬果花則呈球形或圓柱形。含括約 119 個物種，分布於非洲、亞洲和澳洲。目前，面臨著盛行將之作為觀賞植物，以及為了農業用途而破壞其棲息地的威脅。

自然界中，常見此種植物生長於炎熱乾燥的懸崖峭壁。當人工種植時，栽培容易，且對周遭環境抗耐性佳。若有需要重新種植，應遮蔭等待根系狀態良好之後再換盆，並增加日照。大部分性喜全日照，排水良好之壤土，以種子繁殖。

▼凱恩斯蘇鐵 / 藍葉蘇鐵
Cycas cairnsiana F.Muell.
原生地：澳洲的昆士蘭州北部
株高 2-5 公尺，小葉呈鬚狀，葉為藍灰色、葉片直立。是十分亮眼出眾的蘇鐵，株型和葉色都非常美麗。性喜戶外環境，能適應日曬雨淋。此物種以昆士蘭州前州長威廉·惠靈頓·凱恩斯（William Wellington Cairns）的名字命名。

▼德保蘇鐵
C. debaoensis Y.C.Zhong & C.J.Chen
原生地：中國
僅可見於海拔 700-1,000 公尺的廣西壯族
自治區。株型呈圓球狀，莖貼地生長不會
長高。複葉分岔，小葉細長，先端尖銳、
葉色深綠，葉片可長達 3 公尺，頂生葉
芽抬升直立。當葉子老化，葉片會隨重
量向四面八方傾斜。現今在自然界中屬
於瀕危植物，但常作為觀賞植物種植。
在泰國生長良好，喜歡排水良好之壤土、
光線充足的環境；地植時生長快速，且比
起種植於盆栽中長得更好。以種子繁殖。

▼ 斑葉蘇鐵 / 琉球蘇鐵 / 鳳尾蕉
C. revoluta Thunb. "Variegata"
原生地：日本
綠葉的蘇鐵是全世界最廣泛種植的觀賞植物，部分斑葉品種稀缺罕見，但栽培容易，和一般綠葉一樣抗耐性佳，喜好陽光直射、排水良好之壤土。以種子或分株繁殖。

大戟科
Euphorbiaceae

　　雙子葉植物，包含喬木、灌木和藤本植物，單葉互生或環生於莖幹。其顯著特徵是整個莖幹都有白色或透明乳汁，碰觸到會引起刺痛，若進入眼睛，可能導致失明。花朵雌雄同株異花；或者同株同時有兩性花和單性花。花序為聚繖花序，著生於植株先端。少有花瓣，具大枚苞片，看起來像花瓣。該科含括約 250 個屬，超過 7,000 個物種，分布於全世界的熱帶地區，包括部分溫帶地區如地中海。該科許多屬都被作為觀賞植物種植，包含觀花植物，例如虎刺梅（*Euphorbia milii*）。但還有許多其他物種作為觀賞植物栽培，並用於美化庭園，像是青紫木／紅背桂花（*Excoecaria cochinchinensis*）、紅桑（*Acalypha wilkesiana*）、紅雀珊瑚（*Euphorbia tithymaloides*）等等。大部分栽培容易，既可以作為盆栽觀賞植物，也可以種植在地面以妝點庭園。

木薯屬 / *Manihot*

　　含括約 108 個物種，屬名來自於巴西文 Manioc，也就是用以稱呼此植物的巴西文。為灌木，高約 1-5 公尺。有塊狀地下莖或可貯藏養分之地下根。此屬原生地為熱帶國家，當地人把木薯（*Manihot esculenta*）當作根莖類食物已有幾千年歷史，時至今日，木薯成為一種重要的經濟作物，作為食用或加工成澱粉用於烹飪。有些物種會被用來當作觀賞植物種植，像是葉面中間有奶油色斑點的物種，綠色葉緣與紅色葉柄形成鮮明對比，為吸睛亮眼的斑葉植物，栽培容易。喜好陽光直射，或全天候光線明亮的環境。以扦插繁殖。

斑葉木薯▶
Manihot esculenta Crantz "Variegata"

變葉木屬 / *Codiaeum*

有一俗名 Croton，為大戟科中其中一屬的名字，其原生地為全世界的熱帶地區和溫帶地區。在許多地區都被當作藥草使用。

英國從 1804 年開始種植本屬作為觀賞植物，其中大部分是比利時和法國培育的雜交種。在 1871 年引進到美國種植之前，已經有 70 個以上的物種。據記載，在近 50 年後，美國人才逐漸開始關注並培育這屬植物。變葉木在炎熱溫暖的佛羅里達州，生長狀況較其他寒冷的州更為良好。相對於西半球，變葉木的物種較少，這是因為地形限制導致它們的雜交和繁殖較東半球來說更為困難。然而，在泰國已經成功培育出外形和葉色與國外明顯不同的品種。

變葉木塔馬拉 ▶
Codiaeum variegatum (L.)
Rumph. ex A.Juss 'Tamara'
葉為披針形、堅硬肥厚，葉面呈乳白色，點綴著淺綠色和深綠色的斑點，葉緣呈鋸齒狀。在國外廣泛作為盆栽觀賞植物和庭園觀賞植物。栽培容易，喜好日光直射，但避免光照太強，應使用排水良好的土壤。常以壓條繁殖。

痲瘋樹屬 / *Jatropha*

　　為多年生的中小型灌木。全株各部位含有具毒性的白色乳汁。單葉呈指狀或掌狀。花序為聚繖花序，著生在植株先端附近。許多物種作為觀賞植物種植，亦適合栽培成盆景來欣賞，如索馬利亞痲瘋樹（*Jatropha marginata*）、錦珊瑚（*J. cathartica*）；或葉大、厚厚的灌木叢物種，如棉葉痲瘋樹（*J. gossypifolia*）；或者具斑葉的品種，像是桐油樹（*J. curcas*）。有些物種可當作藥草或提取作為生質柴油。含括 175 個物種，分布於北美、南美、非洲、亞洲、中東和印度。栽培容易，性喜半日照或全日照環境，栽培介質應排水良好。常以種子繁殖。

▼ 斑葉佛肚樹
Jatropha podagrica Hook. "Variegata"
原生地：墨西哥、尼加拉瓜、瓜地馬拉、宏都拉斯

▼ **斑葉桐油樹**

J. curcas L. "Variegata"

原生地：日本

大灌木，長可達 6 公尺。耐旱性佳。種子含油量高，用來提取生質柴油可獲得不錯的品質。部分地區村民用樹皮、樹葉煮食以治療胃炎、牙齦炎，但種子有毒，乳汁對皮膚有刺激性，不宜觸碰。部分物種葉上有斑點，可作為觀賞植物，一睹其葉之美。栽培容易抗耐性高。喜好日光直射和水分，但土壤必須保持排水良好，應避免積水。以扦插或種子繁殖。

海漆屬 / *Excoecaria*

屬名來自拉丁文 excaeco，意思為「致使失明」，指其乳汁具毒性，若進入眼睛可能會導致失明。本屬含括 37 個物種，分布於亞洲、非洲和澳洲。原住民使用其乾葉撒入水中將魚毒死。大多數為灌木，花小、花序著生於近先端葉腋處。泰國人所熟知的物種為紅背桂花（*Excoecaria cochinchinensis*），其特徵是葉面為綠色、葉背則為紅色。常作為庭園觀賞植物。日照處和陰涼處均可生長，以扦插繁殖。

▼ **斑葉紅背桂花**
E. cochinchinensis "Variegata"

▼ **紅背桂花**
Excoecaria cochinchinensis Lour.
原生地：中國、臺灣、東南亞

樟科
Lauraceae

為灌木或大喬木，只有少數幾個物種屬於寄生植物，如無根藤（*Cassytha filiformis*）。分布於熱帶地區，尤其是東南亞和南美洲。含括 52 屬，約 3,000-3,500 個物種，並且還持續發現新物種。本科形態特徵為單葉互生、無托葉，花朵為兩性花。在泰國可見到樟科之下來自不同屬的植物，如潺槁樹（*Litsea glutinosa*）、斑葉未命名新種肉桂（*Cinnamomum* spp.）、鏽毛厚殼桂（*Cryptocarya ferrea*）等。

肉桂屬 / *Cinnamomum*

屬名源自希臘文 kinnamomon，意思為肉桂。喬木或大灌木，葉片肥厚，葉子和樹皮含有精油。屬於經濟作物，可作為香料，在全世界廣泛用於料理烹調和甜點烘焙。含括 300 多個物種，分布於北美、南美、亞洲和澳洲。性喜炎熱潮濕氣候、排水良好的壤土。

▼ **斑葉未命名新種肉桂**
Cinnamomum sp. "Variegata"

豆科
Fabaceae

舊稱 Leguminosae，現稱 Fabaceae，源自拉丁文 faba，意思為豆。是僅次於蘭科的第三大植物科。大部分被作為觀花植物，如鳳凰木（*Delonix regia*）、紅蝴蝶（*Caesalpinia pulcherrima*）、阿勒勃（*Cassia fistula*）、紅粉撲花（*Calliandra emarginata*），但也有許多屬具有美麗的葉子，適合作為觀賞植物種植。

木山螞蝗屬 / 假木豆屬 / *Dendrolobium*

屬名源自希臘文 dendron 和 lobos，前者意思是樹，後者意思為莢，意指其具有豆莢的特徵，看起來像樹枝。包含灌木和中型喬木。含括約 18 個物種，有許多物種為泰國原生物種；但大部分為野生物種，還不太被作為觀賞植物。栽培容易，但常有昆蟲吃掉嫩芽，造成損害。不喜積水、相對耐旱，喜歡日光直射。常以種子或壓條繁殖。

◀ **黃葉白木蘇花**
Dendrolobium umbellatum (L.)
Benth. 'Aurea'
灌木或大喬木，高可達 6 公尺。分布極廣，從非洲東部到太平洋群島。可生長於沿海森林、草原、濕地和沙灘，耐鹽鹼地。通常葉子為綠色，性喜光線和水分，耐日照，若種植於陰涼處，葉片呈綠色多過黃色。

三葉草屬 / 菽草屬 / *Trifolium*

　　屬名源自拉丁文，tres 和 folium ；前者意思是三個，後者意思是葉子，意指本屬有三個小葉的顯著特徵，較為人所知的名字為 Clover（三葉草）。分布於歐洲、南美洲和非洲，可見於世界各地，含括約 300 個物種。均為草本植物，包含一年生、二年生和多年生。莖幹匍匐，複葉，具 3 小葉，有些物種具 4 小葉，每片葉形為心形。花序著生於植株先端，頭狀花序，每個花序都有許多豆形小花。花瓣有白色、粉紅色、紫色和黃色。果實為莢果，內含小種子，只是數量不多。目前有人正在嘗試培育出更多葉片的型態。喜好早晨半日照的光線強度，並適宜生長在排水良好的壤土。常以匍匐莖扦插繁殖或播種繁殖。

▼ 紫白花三葉草 / 菽草
Trifolium repens L. 'Purpuracens'

▼ 白花三葉草 / 菽草 潔西卡
T. repens 'Jessica'

蝙蝠草屬 / *Christia*

　　包含 11 個物種，分布於亞洲至澳洲。這些植物通常生長在田間或森林中，許多物種被用作草藥。其中一些物種擁有獨特形狀的三角形葉子，有如蝴蝶的翅膀，因此被廣泛用作觀賞植物種植。在泰國，人們稱之為山蝴蝶，以避免與三角酢漿草（*Oxalis triangularis*）混淆。這兩種植物其實很容易區分，因為山蝴蝶或蝙蝠草屬的植物會長出地面的莖，而三葉酢漿草則直接從塊莖中長出葉柄或花梗（走莖）。偏好排水良好的壤土，中度或直射的日照環境。如果光線不足，植株可能會彎曲並且顏色變得黯淡。通常以種子來繁殖。

▼鋪地蝙蝠草
Christia obcordata (Poir.) Bakh.f.
原生地：亞洲

▼蝙蝠草／飛機草
C. vespertilionis (L.f.) Bakh.f.
原生地：亞洲

赫蕉科 / 蠍尾蕉科
Heliconiaceae

本科為單子葉植物。是美人蕉科（Cannaceae）、芭蕉科（Musaceae）和竹芋科（Marantaceae）的近親。 赫蕉科只有唯一一個屬：赫蕉屬（*Heliconia*）。分布於北美洲南部的熱帶國家、南美洲、太平洋島國和印尼。赫蕉屬因植株較大，適合作為庭院景觀美化植物，亦為花藝設計極具特色的花材。

形態特徵為：具匍匐之地下走莖，易叢生，地上部莖幹為葉鞘，開展且互相交疊。葉片長橢圓形、細長，互生於莖幹或同一平面，葉片厚，可能會有銀色或白色粉質覆蓋。花序著生於莖幹中間葉腋處，直立或匍匐狀，每個花序有 3-30 個相連交疊於同一平面或互生環繞花序。每個苞片有 4-8 朵可結果的小花，果實含果肉及一粒種子，成熟時會變成藍色或橘色。

赫蕉屬 / 蠍尾蕉屬 / *Heliconia*

屬名為希臘文，來源是赫利孔山（Helicon），為希臘神話中兩位繆思女神的居所，意指著其花朵能媲美天堂。本屬在全世界含括近 400 個物種。幾乎所有赫蕉屬的物種都盛行作為觀賞植物，以欣賞鮮豔的花瓣之美。許多物種在熱帶地區並不難種植，但也有一些物種不易開花。葉子和株形美麗，可用於裝飾空間，例如黃紋蠍尾蕉（*Heliconia indica*）。大多數赫蕉屬喜歡潮濕和 50-60% 日照的環境。以分株或種子繁殖，但以種子繁殖可能會結出易脫落的果實。

黃紋蠍尾蕉 ▶
Heliconia indica Lam.
原生地：南太平洋群島
大灌木，植株高度介於 2-6 公尺，栽培容易，但因性喜寒冷而不易開花，於是大多用來作為灌木叢種植。易繁殖，常以分株繁殖。

◄黃紋蠍尾蕉 條紋▶
H. indica 'Striata'
在觀賞植物市場上，常被叫做「矮
香蕉」或「斑葉矮香蕉」，為葉
子具有斑點和斑紋的紅色香蕉。

▼黃紋蠍尾葉 紅槌子
H. indica 'Red Hammer'

仙茅科 / 小金梅草科
Hypoxidaceae

　　單子葉植物，分布於全世界熱帶地區。含括 5 屬，為多年生草本植物。具有短的匍匐地下走莖，葉子有細長條紋，葉片常呈皺摺狀，葉基貼地，其下附著短地下莖，可著生側芽並長成茂密的株形。花序為穗狀花序，直立高出地面。有許多物種的原生地為泰國，像是仙茅（*Curculigo orchioides*）。

仙茅屬 / *Curculigo*

　　屬名來自拉丁文 curcilio，意思為似甲蟲，意指其子房看似甲蟲的特徵。含括 28 種，分布於全世界熱帶地區。為多年生草本植物。葉子細長，尖銳，葉片折疊成皺狀，側株著生緊密。花序短、從基部的地下莖長出，花朵呈鮮豔黃色，果實圓球狀、黃綠色，隨著生長，會變成白色或紅色。在泰國，分布於森林邊緣或橡膠園，當地人作為草藥使用，葉子和根部用於減緩發燒、治療膿腫和昆蟲叮咬。根據研究結果，其包含多種生物鹼，能有效緩解炎症或腫脹。亦可作為觀賞植物種植，栽培容易，適合種植在有機質豐富且排水性佳的土壤中，喜好較為陰暗、濕度高的生長環境，如果過熱或太乾燥，則容易有葉燒。常以分株繁殖。

▼ **未發表新種仙茅 金屬**
Curculigo sp. "Metallica"
在市場上稱之為 *C. metallica*，兩側葉緣
為銀色條紋，隨著生長越趨明顯。

▼ **未發表新種仙茅 紫葉**
Curculigo sp. "Purple"

◀ 光葉仙茅
Curculigo latifolia Dryand. ex W.T.Aiton
原生地：中國至東南亞

光葉仙茅 中斑 ▶
C. latifolia 'Medio-picta'

光葉仙茅原變種 ▶
C. latifolia var. *latifolia*
原生地：中國華南地區至馬來西亞
其葉子離地可高於1公尺，屬於大型仙茅，
幼年葉紅褐色，亮眼醒目，成熟葉轉為深
綠色。

◀ 斑葉光葉仙茅
C. latifolia "Variegata"

唇形科
Lamiaceae

　　過去舊稱 Labiatae，包含喬木、灌木或一年生草本植物。形態特徵為：莖為四方形、單葉或複葉。全株各部位都散發著精油的氣味。花序著生於植株先端或葉腋處，花序直立、有許多小花、兩側對稱、為兩性花，有 2 枚雄蕊，但若有 4 枚，則有 2 枚短、另 2 枚長。含括 236 個屬，超過 7,500 個物種，分布於全世界熱帶和溫帶地區。具多種用途，大部分被當作藥草植物，例如聖羅勒／打拋葉（*Ocimum tenuiflorum*）、牛至（*Origanum vulgare*）、辣薄荷（*Mentha* × *piperita*）；或作為觀花植物，例如重瓣臭茉莉（*Clerodendrum chinense*）、狹葉薰衣草（*Lavandula angustifolia*）、鼠尾草屬（*Salvia* spp.），亦還有許多其他具有美麗葉子的物種，例如鞘蕊屬（*Coleus* spp.）等。

鞘蕊屬 / *Coleus*

　　屬名來自希臘文 koleos，意思是鞘或信封，意指其雄蕊內包的特徵。為多年生草本植物，含括約 300 個物種。分布於中亞、非洲和澳洲。有些物種作為蔬菜食用，如到手香（*C. amboinicus*）；有些物種作為觀賞植物，如彩葉草／錦紫蘇（*C. scutellarioides*）。栽培及繁殖容易，常以種子和扦插繁殖。進行扦插時，先將插條置於水中，待根系充分發展後，再將插條移植至土壤中，其生長狀況會優於直接將插條種植到土壤中。

斑葉到手香 ▶
Coleus amboinicus Lour. "Variegata"
多年生草本植物，莖肉質，葉厚肉質、葉緣有細齒、具絨毛。壓碎後有濃郁的香氣。當日照充足，莖節較短，葉片緊密生長，但若種植於陰涼處，莖節則容易拉長徒長。栽培容易。葉子為當地藥草，可用於開胃、改善花粉過敏等，亦可加入食物中一起食用。綠葉物種原產於東非、阿拉伯半島和印度，但尚不清楚斑葉物種原生地為哪個國家。

彩葉草 / 錦紫蘇
C. scutellarioides (L.)
原生地：東南亞、澳洲
1851 年，荷蘭人 Karl Ludwig Blume 將這種植物從爪哇帶回歐洲種植。最初只有幾種顏色，而且葉形也不多。但後來此物種經歷育種，而且產出許多雜交種。引入泰國種植已有幾十年前歷史，但能以種名辨認的物種並不多，大多數無法清楚識別其所屬物種，因其包含雜交種、種子繁殖產生的變異。通常被一起稱為彩葉草。

過去，彩葉草在維多利亞時代非常流行，在其人氣未減之前，英國人常種於窗邊或庭院路邊；不過彩葉草也從未消失於觀賞植物界。目前包含喬木、灌木和附生植物。若不需要為了授粉而收集種子，應剪掉整個花序，以防止植株惡化或過度生長；假如任其留在蒴果中，植株將快速衰敗。栽培十分容易，性喜日照直射和水分充足之環境。如果缺水，不久後葉子將枯萎並下垂。常以扦插繁殖，或先把插條浸泡於水中，待其生根後種植。但如果想要產出和原本植物不同的雜交種，則應以種子繁殖。

▼彩葉草 粉紅貴賓犬
Coleus 'Pink Poodle'

彩葉草 邦尼金▶
Coleus 'Bonnie Gold'

◀彩葉草 大王
Coleus 'Maharaja'

▼彩葉草 義大利青醬
Coleus 'Salsa Verde'

▼ 彩葉草 蔑視
Coleus 'Defiance'

▼ 彩葉草 彩葉草恐龍
Coleus 'Coleosaurus'

◀彩葉草 馬拉喀什
Coleus 'Marrakesh'

▼彩葉草 粉紅混沌
Coleus 'Pink Chaos'

▼彩葉草 山葵
Coleus 'Wasabi'

▼彩葉草 多香果
Coleus 'Pineapple Surprise'

▼彩葉草 馬拉喀什
Coleus 'Allspice'

蘭花蕉科
Lowiaceae

蘭花蕉科只有唯一一個屬：蘭花蕉屬，為鶴望蘭科的近親。

蘭花蕉屬 / *Orchidantha*

屬名來自兩個希臘文 orchis 和 anthos，前者意思是蘭花，後者意思是花，意指花的外觀形似於蘭花。至少含括 17 個物種，分布於中國南部到婆羅洲，為森林中的地被植物，目前此屬相關資料非常少。有匍匐之地下走莖，大部分有厚且具光澤的葉子互生於同一平面，高約 30 公分，著生側枝為灌叢狀。花序小，聚繖花序，著生於葉腋處或走莖。栽培容易，喜好水分，適合栽培於遮陰處、通氣性高且排水性佳的介質。

◀斑葉未發表新種蘭花蕉
Orchidantha sp. "Variegata"

▼ 斑葉未發表新種蘭花蕉
Orchidantha sp. "Variegata"

▼ 未發表新種蘭花蕉 白邊
Orchidantha sp. "Albo-marginata"

錦葵科
Malvaceae

雙子葉植物，含有喬木、灌木和草本植物等形態。含括 244 個屬，超過 4,225 個物種，分布於全世界熱帶和溫帶地區。其形態特徵為是全株被毛，有些物種可能會引起引起搔癢。單葉互生，具托葉。花包含單生，或花序著生於植株先端；花萼和花瓣連在一起，花萼下方有副萼。雄蕊連合成一管、雌蕊伸長，果實為蒴果。有些物種是重要的經濟作物，例如棉花屬植物（*Gossypium* sp.）和可可（*Theobroma cacao*）；有些物種是常見的蔬菜水果，像是洛神花（*Hibiscus sabdariffa*）和秋葵（*Abelmoschus esculentus*）；有些物種常作為觀花植物、觀賞植物種植，如木槿屬植物（*Hibiscus* sp.）等。

新喀桐屬 / *Acropogon*

中喬木到大喬木，可高達數公尺。葉色深綠，有葉片橢圓形或葉緣鋸齒狀，分岔如手指形狀等類型。花呈星狀，有 5-6 個花瓣，花序小、著生於莖幹。果實圓球狀或橢圓狀，內含黑色種子。先前屬於梧桐科（Sterculiaceae），後經進一步研究，被歸類至錦葵科。該屬含括 27 個物種，僅分布於太平洋上的新喀里多尼亞島和澳洲海岸。有些物種的分布區域十分狹窄，為尚未廣為人知的物種。栽培不難，以種子繁殖。

◀傑弗新喀桐
Acropogon jaffrei Morat & Chalopin
原生地：新喀里多尼亞

泡葉新喀桐▶
A. bullatus (Pancher&Sebert) Morat
原生地：新喀里多尼亞

273

木槿屬 / *Hibiscus*

屬名來自希臘文 Hibiskos。含括數百個物種，分布於全世界熱帶和溫帶地區。形態特徵為全株各部位具透明黏液。葉緣鋸齒狀。大部分具有 5 枚萼片和 5 枚花瓣，或為重瓣。雌蕊伸長，清晰可見，雄蕊環繞雌蕊。現今已育成許多新品種，具有作為觀賞植物的潛力。栽培及繁殖容易，常以扦插、壓條或種子繁殖；但必須時時注意害蟲，易遭粉介殼蟲或介殼蟲入侵。

▼ 斑葉黃槿
Hibiscus tiliaceus L. "Variegata"
為灌木，高可達 3 公尺，心形葉，葉子有三個顏色，新葉顏色比老葉深。廣泛被作為庭園觀賞植物或迷你盆景種植。以扦插或壓條繁殖。

▼紅葉槿

H. acetosella Welw. ex Hiern

原生地：廣泛分布於非洲

灌木，高可達 2 公尺。莖幹和枝條被毛。全株紫紅色。花單生或腋生。最先在安哥拉、蘇丹和剛果作為觀賞植物種植。於泰國有 2 個品種：橘粉色花瓣的老品種；以及玫瑰紅色花瓣、只在早晨綻放的新品種。嫩芽有酸味，常作為沙拉生菜或放入冬陰功湯食用，花可用於泡茶。栽培十分容易，地植或盆栽都能生長良好。

野牡丹科
Melastomataceae

　　分布於幾乎是全世界的熱帶和溫帶地區，其中大部分集中在南北美洲。含括 175 個屬，超過 5,000 個物種。包含灌木、喬木和藤本植物和草本植物；枝條和莖幹呈四方形，單葉對生，無托葉；花單生或呈聚繖花序，花兩性，花瓣大、離生，雄蕊 5 枚，基部有塊瘤，子房與萼筒相連。包含盛行作為開花植物的物種，像是蔓性野牡丹（*Heterotis rotundifolia*）、蒂牡花（*Tibouchina urvilleana*）；亦有葉子出色美麗的物種，例如米氏野牡丹／大葉野牡丹（*Miconia calvescens*）、格里芬蜂斗草（*Sonerila griffithii*）等。

野牡丹藤屬／酸腳杆屬／ *Medinilla*

　　屬名來自模里西斯島總督 José de Medinilla y Pineda 的名字，模里西斯島是前英國殖民地。含括超過 400 個物種。分布於非洲、亞洲和印度洋島嶼。多作為觀花植物種植，例如寶蓮花（*M. magnifica*）；但亦有許多物種可供作觀葉植物。性喜陰涼環境，若種植於陽光直射處，空氣濕度低易導致葉燒。常以扦插繁殖。

▼未發表新種野牡丹藤 葛利果 漢巴里

Medinilla sp. "Gregori Hambali"

葉子又大又寬、葉片厚實，呈灰綠色，葉背紅紫色。圓錐花序
自枝條伸出，為粉紅色小花。品種名是以印尼觀賞植物收藏家
Gregori Hambali 之名命名，他讓此物種在觀賞植物界盛名遠播；
不過此物種的確切來源不詳，某些資訊來源使用的是紅野牡丹藤
（*M. coccinea*）這個名稱，但比對文獻檔案和標本後，顯示它們
為不同物種，亦有人認為此物種是雜交種。適合栽培於陰涼處或
明亮光線的環境，應避免陽光直射。喜好通氣性高且排水良好之
介質。以扦插繁殖。

蜂斗草屬 / *Sonerila*

含括約 175 個物種,分布於亞洲。為多年生小灌木。具有多種葉形:如橢圓形、心形和披針形,含各式各樣不同斑紋及葉色。花序著生於莖頂之上或植株先端附近,只有 2 枚花瓣。過去為人氣不高的野生植物;但不久前,越來越常被當作觀賞植物栽培於玻璃生態缸(Terrarium)或空氣濕度高的森林公園。喜好陰涼處,適合種植於有機質含量高且排水性良好的介質。常以分株或種子繁殖。

▼ 東那譚蜂斗草

Sonerila dongnathamensis Suddee, Phutthai & Rueangr.
原生地:泰國
葉和莖被細毛,葉片呈深綠色或深紫色。花序直立,花瓣為粉紫色,雄蕊黃色。常在懸崖處與秋海棠屬和卷柏屬分布在一起,首次發現於烏汶府帕登國家公園。人工栽培的葉柄大多數比自然界中的葉柄更為細長。

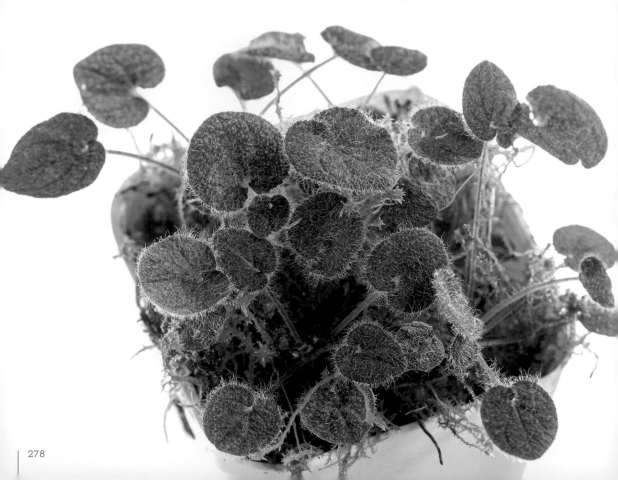

▼溪邊蜂斗草

S. maculata Roxb.

原生地：亞洲及東南亞

分布廣泛，從孟加拉、尼泊爾、緬甸、泰國、越南直到蘇門答臘。
通常生長於丘陵地常綠闊葉林中。葉片長、葉緣具細密鋸齒，
顏色和斑紋非常多樣，既有葉面深綠色不具斑紋；也有銀色斑
點散落的樣態。花序小、著生於植株先端，花瓣粉紅色、花粉
鮮黃色。

▼未發表新種蜂斗草 螢光綠脈
Sonerila sp. "Fluo Green Veins"
原生地：泰國

▼珍珠蜂斗草
S. margaritacea Lindl.
原生地：緬甸

▼越南產未發表新種蜂斗草

Sonerila sp. "Vietnam"

原生地：越南

小灌木到中灌木，枝條比同屬其他物種更長。葉子偏圓，葉片綠色，有棕色斑紋，和淡綠色葉緣呈對比。花序偏短，花瓣淡粉紅色，雄蕊黃色。在蜂斗草（*S. cantonensis*）中廣泛傳播，和原始品種相比，在葉形、葉片薄厚、莖幹和花序都有顯著差異。約於 4-5 年前引入泰國種植，在一般花園條件下生長良好，但性喜較高的空氣濕度，喜好潮濕但不積水之環境、排水性良好之介質及陰涼處。常以扦插繁殖。

振臂花屬 / 蟻牡丹屬 / *Monolena*

　　屬名來自希臘文 monos 和 olene，前者意思是單獨或一個；後者意思為手臂，意指本屬花藥基部之形態特徵。含括約 16 個物種，分布於北美洲南部至北部南美洲，從哥斯大黎加、瓜地馬拉、巴拿馬、厄瓜多、秘魯到巴西。主要運用於生態缸（Terrarium）種植，栽培於濕度高的玻璃瓶罐能生長良好，喜陰涼處、性喜潮濕但不積水之環境。常以扦插繁殖。

▼ **報春蟻牡丹**
Monolena primuliflora Hook.f.
原生地：哥斯大黎加、厄瓜多、巴西

奮臂花屬 / *Triolena*

屬名來自 3 個希臘文：treis 或 tria 、意思是三個；olene、意思是手臂；chlaena 或 laina、意思是毯子，意指其雄蕊附屬物和果實成熟後裂開為三角形的形態特徵。含括 27 個物種，分布於中南美洲，從墨西哥到玻利維亞。本屬在一般觀賞植物市場尚不流行。主要應用於生態缸（Terrarium）種植，栽培於玻璃瓶罐能生長良好，喜陰涼處、濕潤但不積水之環境，常以種子或扦插繁殖。

▼ 泡葉奮臂花
Triolena pustulata Triana
原生地：厄瓜多
為厄瓜多特有種。葉形為橢圓形，先端尖銳，葉片紅棕色，
葉緣兩邊都為綠色，葉表覆有細毛。花梗著生於植株先端
或接近植株先端，開白色小花。

桑科
Moraceae

含括 49 個屬、超過 1,200 個物種，分布於全世界的熱帶國家。含有灌木、喬木、和藤本植物，單葉、輪生。許多物種作為觀賞植物種植，如榕屬（*Ficus*）或琉桑屬（*Dorstenia*）；有些物種則供作食用，如桑屬（*Morus*）和榕屬的無花果。

榕屬 / *Ficus*

含括超過 877 個物種，有喬木、灌木和藤本植物。具特殊形態的根，類似於氣生根。有些物種幼時為附生植物，當植株足夠強壯，它會攀抱大樹直到寄樹死亡，並且根系伸入地下生成正常根系。全株各部位具白色乳汁。為歷史悠久的觀賞植物，過去作為盆景或庭園觀賞植物種植，大多常作為庭院圍籬植物，如黃金榕、環紋榕，或作為植生牆／垂直花園，如薜荔。後來引入了比過去更吸睛的新品種以作為觀賞盆栽。通常成株會很巨大，應該持續修剪，且不宜靠近建築物種植，以避免根擴展太快，侵入地基。栽培容易，尤其適合種植於室外或合適的地方，生性強健且抗耐性高、耐旱性佳，大多性喜通風良好環境和排水良好的壤土；若土壤過於緻密或積水，葉子和根部往往會腐爛。常以壓條或扦插繁殖。

斑葉未發表新種榕樹 ▶
Ficus sp. "Variegata"
目前還不知道其所屬品種和來源，但是這種葉子上相對較穩定的斑紋已經在市場上開始廣泛流傳了。

◄ 低地型餐盤榕

Ficus brusii
原生地：巴布亞紐幾內亞
在自然界分布於海拔 850-2,750 公尺、
氣候濕冷的地方。高達 5-10 公尺，葉
綠且厚，葉緣有皺摺，每片葉子可長
達 60 公分。果實類似無花果，成熟時
轉為咖啡色。十分適應泰國的氣候。
常以嫁接繁殖。當地人常燉煮嫩葉作
為蔬菜食用；至於老葉用於包裹食物，
以樹皮代替繩索。

芭蕉科
Musaceae

芭蕉科當中包含了世界上最受歡迎的水果之一，像是我們所熟悉的香蕉就是一種沒有種子的雜交香蕉，其父母為來自芭蕉屬（*Musa*）中具有種子的野生芭蕉。芭蕉科還有另外兩個屬，一是地湧金蓮屬（*Musella*），此屬當中只有唯一一個種：地湧金蓮（*Musella lasiocarpa*）；二是象腿蕉屬（*Ensete*），像是象腿蕉（*E. glaucum*）、西高止象腿蕉（*E. superbum*）。

形態特徵為株形高大，需要寬廣的種植面積才有利於生長。性喜陽光、水分、有機質含量高的土壤；為不喜寒冷氣候的熱帶植物。常以分株繁殖，不過有些屬必須以種子繁殖。本科適合地植，以讓植物充分吸收養分；但若空間不足，亦可種植於盆器或其他容器，只是植株會發育不良，生長和發芽速度緩慢。

芭蕉屬 / *Musa*

有一假說為，本屬屬名來自羅馬帝國第一位皇帝奧古斯都的醫師安東尼·穆薩（Antonius Musa）的名字；或者可能來自巴布亞紐幾內亞人以阿拉伯文稱呼芭蕉的名字：mauz。

芭蕉原產於東南亞和南亞，為大型多年生草本植物。具地下走莖。莖幹可高達好幾公尺，由葉鞘緊抱而成。全株各部位有汁液和乳汁。葉片大；花序由地下莖莖端分化，然後向外伸出到植株先端，許多物種的花梗下垂彎曲或向上伸直；具有大型觀賞葉，稱為苞葉，包覆花序，每苞片內花有 1-2 列；花序基部為雌花，有一大子房，發育成果實，花序上部為雄花；果實長橢圓形，排列在同一平面上，稱為「梳」（果把），每果房中，可能有 2-10 個梳（果把）。

西方人根據水果中的澱粉特性將芭蕉分為 2 類：一為水果香蕉（banana），果實成熟後柔軟香甜，通常用作鮮食，如南華蕉、Hom 香蕉、蛋蕉；二是菜蕉／大蕉（plantain），成熟果肉相對硬，甜度較低，含有大量澱粉，因此加熱後會軟化並釋放甜味。

香蕉為多用途食用植物，果實、莖和香蕉花皆可供食用，且葉子可被用來包裹食物或作為花藝葉材使用。而觀葉用途的物種也有像是紫夢幻蕉（*Musa ornata*）和阿希蕉（*M. rubra*）。其實過往甚少將斑葉的芭蕉視為觀賞植物，直到觀葉植物的盛行風潮，才有越來越多人種植斑葉香蕉，從自然界的物種或變異品種中尋求奇特的植株，也使得它的價值水漲船高。

▼ 佛羅里達雲彩蕉
Musa 'Florida' (Variegated)

▼蕉 暹羅紅寶石

Musa 'Siam Ruby'

從印尼引入泰國種植已超過 15 年，市場上通常稱為「紅葉香蕉」或根據其產地以「印尼紅香蕉」稱之。後來運用組織培養的技術，以暹羅紅寶石（*Musa* 'Siam Ruby'）的名字外銷，除了葉片紅棕色覆有綠色斑紋的品種以外，還有綠色大片斑紋、或者綠色和紅色斑紋各佔一半的品種。2021 年曾經報導，在一場拍賣會上，有買家以每株售價高達 1,000 萬泰銖的價格買下它。

▼蕉 斑葉暹羅紅寶石
Musa 'Siam Ruby' (Variegated)

Musa acuminata ✕ *balbisiana* (ABB Group)
'Khom Dang' (Variegated)

▼
Musa acuminata × *balbisiana* (ABB Group)
'Mali Ong' (Variegated)

▼斑葉爪哇藍蕉
Musa acuminata × *balbisiana* (ABB
Group) 'Blue Java' (Variegated)

291

▼白斑茉莉野生香蕉
Musa sp. "Variegata"

▼巴布亞斑紋野生香蕉
Musa sp. "Variegata"

▼野生斑紋芭蕉
Musa sp. "Variegata"
這株被主人稱為「叢林女生野生香蕉」。

▼佛羅里達雲彩蕉
Musa 'Florida' (Variegated)

▼雪斑野生香蕉
Musa sp. "Variegata"

▼大理石花紋野香蕉
Musa sp. "Variegata"

▼來自沙敦府的白紋野生香蕉
Musa sp. "Variegata""

▼安達曼野生香蕉
Musa sp. From Andaman Island
"Variegata"

蘇門答臘血斑蕉▶
Musa acuminata Colla var.
sumatrana (Becc.) Nasution
蘇門答臘血斑蕉為原產於泰
國的野生香蕉，屬於小型香
蕉，植株只有 2-5 公尺高，
樹幹細小，葉子狹長，葉片
深綠色，有豬血色斑紋散布
整個葉面，從葉背看去呈淡
紅色。

◀斑葉蘇門答臘血斑蕉
M. acuminata var. *sumatrana*
"Variegata"

豬籠草科
Nepenthaceae

　　雙子葉植物，本科僅含一個屬，分布於熱帶國家，為小型攀緣植物或小灌木，隨株齡增加而木質化。葉子末端有捲曲附屬物，支撐植株攀緣生長。隨株齡增加，葉子末端會形成一個捕蟲籠，形狀像袋子。花序分枝狀，著生於植株先端，約有 6-300 朵小花，花朵雌雄異株。

豬籠草屬 / *Nepenthes*

　　屬名來自希臘文 ne- 和 penthos，"ne" 的意思是 " 沒有 "，"penthos" 意思是 " 悲傷 "。在希臘神話中，"Nepenthe" 是一種可以讓人遺忘所有悲傷的忘憂水。命名者卡爾‧林奈也曾說：見到這麼美妙的植物，即使長途跋涉也能忘記旅途的辛勞。本屬含括 176 個物種，分布於亞洲、馬達加斯加和塞席爾，包含草原及熱帶雨林。

　　為多年生草本植物，莖呈匍匐狀或攀附，葉脈中肋延伸成線，以攀附周遭的植物或物體。葉片末端具籠蔓，隨著葉片逐漸生長，發育膨脹形成一個瓶狀或漏斗狀的捕蟲籠。籠蓋有蜜腺引誘獵物落入捕蟲囊，並釋放消化液將獵物殘骸分解成可吸收的養分。至於斑葉豬籠草是突變種，其中有些突變所帶來的斑紋會逐漸穩定，形成固定的斑紋圖案；然而，有些則可能會回復到一般綠色。部分植株可能會在葉面和捕蟲籠上都呈現出斑紋，而另一些植株則只在葉子上展現斑紋。目前已有眾多不同的變異種，呈現多樣化的特徵。

　　本屬適合種植於遮蔭的溫室中，大多能順利栽培、生長良好。至於只分布在高海拔地區的品種，則需要寒涼的環境。現今也有人栽培於生態缸（Terrarium），許多種類都能適應這種環境。而栽培介質適合有機質含量高的土壤混合切碎的椰子或珍珠石，以保持排水性佳和通氣性高；喜好濕潤土壤，不宜讓栽培介質乾燥；維持空氣濕度有助於植株強健和美麗。以扦插或種子繁殖。

▼斑葉蘋果豬籠草
Nepenthes ampullaria Jack "Variegata"

斑葉小豬龍草▶
N. gracilis Korth. "Variegata"

▲斑葉奇異豬籠草
N. mirabilis (Lour.) Druce "Variegata"

▼斑葉萊佛士豬籠草
N. rafflesiana Jack "Variegata"

▶斑葉毛果豬籠草
Nepenthes ✕ *trichocarpa* "Variegata"

► 斑葉紅瓶豬籠草

Nepenthes × *ventrata* "Variegata"
為翼狀豬籠草（*N. alata*）和葫蘆豬籠草
（*N. ventricosa*）的自然雜交種，
過去原生地為菲律賓。

紫茉莉科
Nyctaginaceae

涵蓋了喬木、灌木和草本植物，通常擁有迷人的觀賞葉片，呈現出像花瓣的美麗外觀，而莖幹則帶有刺。包含了 32 個屬，超過 290 個不同的物種。它們分布在各地的熱帶和溫帶地區，許多屬被種植為室內觀賞植物，例如九重葛屬、紫茉莉屬等。

膠果木屬 / *Ceodes*

過去屬於皮孫木屬（*Pisonia*），但經過植物學家進一步研究後，移至膠果木屬（*Ceodes*），含括 21 個物種，分布在亞洲、非洲和澳洲。以扦插繁殖或壓條繁殖。

◀ **白避霜花 / 無刺藤 / 抗風桐**
Ceodes grandis (R.Br.) D.Q.Lu "Variegata"
原生於非洲、亞洲、澳洲，為大灌木，高 2-5 公尺，葉大、呈黃綠色，看起來鮮豔明亮，葉片薄軟。在泰國發現並種植已有久遠歷史且廣為人知。栽培容易，喜好陽光直射，需要持續供給充足水分，若水分不足葉子易枯萎。常以枝條扦插繁殖。斑葉品種又呈現另一種美。

禾本科
Poaceae

　　單子葉植物，被稱為 Poaceae 或 Gramineae。含括 675 個屬，超過 10,000 個物種。多年生草本植物，具地下走莖或地下匍匐莖，莖呈圓柱形，節分明，節間為中空；葉片狹長，葉鞘抱莖，互相交疊，成排互生於同一平面或螺旋狀互生。花序為總狀花序或穗狀花序，花兩性或單性，果實為穎果。

蘆竹屬 / *Dendrolobium*

　　屬名源自拉丁文，意思是竹子。莖幹為高 3-10 公尺的桿，葉窄，葉片薄，葉緣粗糙。花序大，著生側枝。原本有超過 200 個物種，但經進一步研究和重新分類，目前只剩下 6 個物種。分布於歐洲、地中海、亞洲等地區，通常在荒蕪之地生長，且在許多地方成為外來入侵植物。多數作為沿岸植物種植；斑葉品種則廣泛作為觀賞植物種植。喜好陽光直射和潮濕土壤，沿河岸種植生長良好，以種子和分株繁殖。

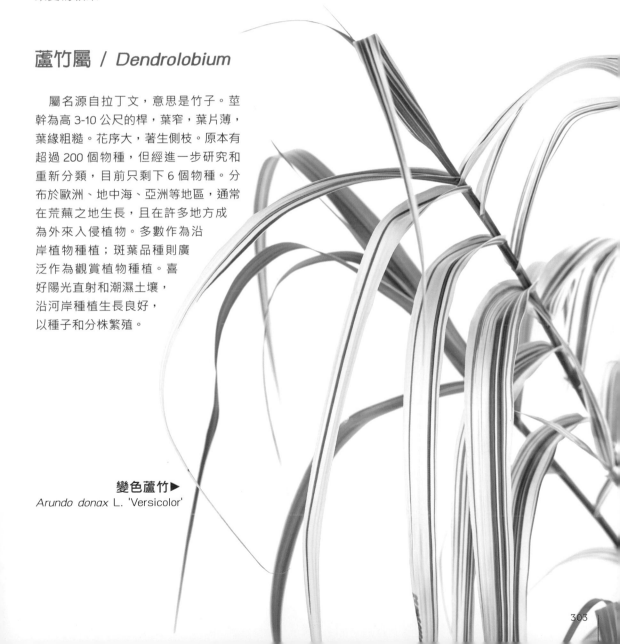

變色蘆竹▶
Arundo donax L. 'Versicolor'

酢漿草科
Oxalidaceae

包含草本植物、灌木和喬木，形態特徵是葉片由小葉組成，對光敏感，白天通常散開，光線微弱時閉合；花朵為兩性花，果實和葉子有酸味。本科含括 5 屬、超過 570 個物種，分布於各地的熱帶和溫帶地區。

酢漿草屬 / *Oxalis*

屬名來自希臘文 oxys 或 oxus，意思為酸味，意指其組織中的草酸（*Oxalic Acid*），也是食用時酸味的來源。對應酢漿草的泰文名字「Som Kob」（*O. corniculata*），也是一個含有酸味意思的副詞。本屬含括超過 558 個物種，分布於全世界，在各地已作為觀賞植物廣泛種植，亦有各種育種廣為流傳。大部分喜好涼爽氣候；但也有許多物種在熱帶地區生長良好。常以球莖繁殖或分株繁殖。

▼三角酢漿草
Oxalis triangularis

▼三角酢漿草
Oxalis triangularis

▼三角酢漿草

Oxalis triangularis A.St. -Hil.

原生地：玻利維亞、阿根廷、巴西、巴拉圭

有 *O. regnelli* 和紫葉三角酢漿草（*O. triangularis* subsp. *papilionacea*）等同物異名。每個葉柄有 3 片三角形葉子；含葉子都為純綠色和深紫色等兩個品種。對光敏感，白天因接受日光，葉子會完全展開，但夜晚閉合。嫩芽及嫩葉可作生食用。

羞禮花屬 / 感應草屬 / *Biophytum*

　　屬名來自希臘文 bios 和 phyton，前者意思是生命，後者意思是植物，意指其被觸碰時閉合的葉子。本屬為小草本植物。含括 79 個物種，分布於全世界熱帶地區。栽培容易，喜好排水良好的壤土、遮蔭環境。以種子繁殖。

▼厄瓜多產未發表新種紅葉羞禮花
Biophytum sp. "Red Ecuador"
原生地：厄瓜多

▼ 羞禮花 / 感應草
Biophytum sensitivum (L.) DC.
原生地：亞洲
小型草本植物，羽狀複葉，互生於枝條，不分枝，花小，著生於植株先端，花瓣黃色。葉子受到觸碰時摺合。為許多地區的傳統草藥，例如，菲律賓人使用葉子作為祛痰劑；爪哇人用於緩解哮喘；喀麥隆人把葉子混合紅油和鹽磨碎以治療癲癇；泰國人將整株燉煮，治療糖尿病和用於退燒等。

胡椒科
Piperaceae

雙子葉植物，含括 5 屬，超過 3,600 個物種，分布於熱帶和亞熱帶地區，包含灌木和多年生藤本植物，莖節顯著，花序為穗狀花序，著生於葉腋處，小花聚集在花序上，沒有花瓣，許多物種在磨碎後具香氣。常作為食用和藥草植物，例如胡椒屬（*Piper* spp.）；有些物種是重要的經濟植物，像是胡椒（*P. nigrum*），有些物種則作為盆栽觀賞植物，例如椒草屬（*Peperomia* spp.）等。

椒草屬 / *Peperomia*

屬名來自希臘文 peperi 和 homoios，前者意思是黑胡椒，後者意思是相似。意指本屬外觀形似黑胡椒。含括超過 1,400 個物種，分布在全世界熱帶和亞熱帶地區，大多為小灌木，全株肉質。單葉，螺旋狀互生於枝條，有綠葉、花紋葉和斑葉三種類型。因栽培和繁殖容易，為歷史悠久的盆栽觀賞植物；喜好遮陰處、通氣性高且排水性佳的介質，不喜過濕，容易腐爛，特別是在雨季時不適合在室外種植，或應準備遮蔽物，以避免葉子受到雨水淋濕。常以扦插或分株繁殖。

▼孔雀椒草
Peperomia cf. *albovittata*
原生地：厄瓜多

◀斑葉漸尖椒草▶

P. acuminata Ruiz & Pav. "Variegata"
一般原生地於南美洲北部,包含玻利維亞、巴西、哥倫比亞、秘魯、委內瑞拉。葉形為橢圓形,先端尖銳,葉色深綠,葉表平滑具光澤。幼年期植株直立,隨株齡增加,莖幹往側向匍匐。斑葉品種為來自人工育成,有許多形態。栽培容易,適合作為懸垂型吊盆植物,或種植於放置在較高位置的盆器中,讓它優雅地懸垂生長。

◀荷葉椒草
P. polybotrya Kunth
原生地：哥倫比亞、厄瓜多、秘魯
葉子厚硬具光澤，形狀像深綠色水滴，英語中有
Raindrop（雨滴）的俗名。栽培容易，生長良好，但生
長速度不快。至於斑葉品種比一般綠葉品種價格更高
且更稀有，尚未廣泛種植。

▼斑葉未發表新種椒草
Peperomia sp. "Variegata"

胡椒屬 / *Piper*

　　屬名來自希臘文 peperi，意思是胡椒。分布於全世界熱帶和亞熱帶地區，含括 2,041 個物種。多年生攀緣植物，葉子壓碎後通常帶有香味。以藥草植物廣為人知，但也有許多物種作為觀賞植物種植，如彩脈風藤（*Piper crocatum*）和紫背胡椒（*P. porphyrophyllum*）等，還有不少具奇特葉子的物種，但尚未廣泛流傳。大多栽培容易生長良好，性喜潮濕氣候、排水性佳的土壤，常以扦插繁殖。

▼砂拉越產未發表新種胡椒
Piper sp. "Sarawak"

▼金馬崙高原產未發表新種胡椒
Piper sp. "Cameron Highland"

◀ 斑葉胡椒
P. nigrum L. "Variegata"

▼ 壯麗胡椒
P. magnificum Gentil ex Trel.
原生地：秘魯

◀ 泡葉胡椒
P. cf. maroupiiforum Trol.
原生地：厄瓜多、秘魯、哥倫比亞

茄科
Solanaceae

一年生或多年生草本植物，亦有喬木和灌木植物，含括 100 個物種，分布於世界各地。葉互生，花呈星狀，花瓣薄，花瓣基部相連，雄蕊清晰可見。大多為食用植物和藥草植物。有些物種是世界重要的經濟作物，例如辣椒屬（*Capiscum spp.*）、番茄（*Solanum lycopersicum*）和馬鈴薯（*Solanum tuberosum*）等。

辣椒屬 / *Capsicum*

屬名來自希臘文 kapto，意思是刺激，意指其辛辣的味道。一年到兩年生草本植物。花單生或 2~6 朵簇生於近先端葉腋處；花瓣為白色，幼果呈綠色或白色，成熟後轉為橘色、黃色或紅色。約含括 42 個種，分布於北美洲，但世界各地長久以來持續有人育種和選育，可以稱得上是最受歡迎的食用植物之一，通常是為了其果實而種植，因其為重要的辣味來源。在園藝觀賞亦育成具美麗斑葉的品種，例如斑葉朝天椒，其葉面具白色斑紋，與橘紅色果實形成對比，非常吸睛；亦可食用，和一般辣椒一樣具有辛辣味道。不喜寒冷氣候，以種子繁殖，透過種子繁殖出來的植栽，有較大的機會生長出帶有斑紋的葉子。

▼ 斑葉朝天椒
Capsicum annuum "Variegata"

茄屬 / *Solanum*

　　屬名來自於茄子的拉丁文，含括約1,236個物種，分布於南北美洲熱帶地區。多年生草本植物，全株各部分被毛或刺。單葉或羽狀複葉。花序為聚繖花序，每個花序上有3-6朵花，且花朵相當大。許多物種為食用蔬菜和藥草植物，如印度茄、旋花茄、毛茄等。生性強健且抗耐性高，喜好全日照、濕潤且排水良好的土壤，以種子、壓條或扦插繁殖。

▼ 斑葉毛茄
Solanum lasiocarpum Dunal
原生地：亞洲東部至澳洲東部

厄瓜多茄▶

S. uleanum Bitter

原生地：哥倫比亞、秘魯、巴西

最初由理察·斯普魯斯（Richard Spruce）於 1855 年在秘魯發現，但植物標本是 1911 年自巴西採集，此後再也沒有於該地區發現此植物；後來採集到的標本來自厄瓜多和秘魯境內安地斯山脈東側熱帶雨林裡的大樹根部。厄瓜多茄的名字是由專門研究茄屬的德國植物學家弗里德里希·奧古斯特·喬治·比特（Friedrich August Georg Bitter）命名，以紀念德國植物學家恩斯特·海因里希·格奧爾格·烏勒（Ernst Heinrich Georg Ule），他在最後一趟旅程中採集到此植物標本。

形態特徵為植株姿態匍匐，羽狀複葉，葉色紫黑，覆蓋柔軟的毛；花序為聚繖花序，著生於葉腋處，花瓣呈淡綠色。據記載，帕斯塔薩省（Pastaza）當地人把厄瓜多茄作為藥草，將葉子磨碎，汁液塗在傷口上以殺菌；中東人則用來治療腹瀉和胃痛。現今流行種植於生態瓶（Terrarium）或封閉的玻璃容器，若溫度不過高、保持適度的濕度和光照，新芽會呈鮮豔紫色；在正常氣候條件下栽培，葉子會呈淡紫色帶綠色。常以長出根的老莖扦插繁殖。

◀土丁桂葉茄

S. evolvulifolium Greenm.

原生地：哥斯大黎加、秘魯、厄瓜多、巴拿馬

蕁麻科
Urticaceae

　　蕁麻科為擁有眾多不同物種的雙子葉植物科，分布在全世界熱帶和亞熱帶地區，共有 57 個屬、超過 2,700 個物種。包含喬木、灌木、和草本植物，全株各部位具白色或透明的乳汁。頂生葉芽，具明顯托葉，但容易掉落，單葉，互生於同一平面的兩側或對生。花序為頭狀花序，著生於葉腋處，花朵雌雄異株，花朵小。有些物種葉表被毛；毛中的乳汁會刺激皮膚，引發刺痛或灼熱感，例如少為人知的圓基火麻樹（*Dendrocnide basirotunda*）和海南火麻樹（*D. stimulans*）。一般人熟知的物種為觀賞植物，例如冷水花（*Pilea cadierei*）、毛蝦蟆草／古錢冷水麻（*P. nummulariifolia*）和吐煙花（*Procris repens*）等。

冷水花屬 / *Pilea*

　　屬名來自希臘文 pilos，意思是帽子，意指其具大型帽狀花萼覆蓋於果實之上。分布於熱帶國家，除了澳洲和紐西蘭，含括超過 604 個物種。大多為小型藤本植物，全株肉質。單葉對生，葉基長出三條清晰可見的葉脈。許多物種作為觀賞植物種植，例如冷水花（*Pilea cadierei*）、嬰兒淚／玲瓏冷水花（*P. depressa*）和大銀脈蝦蟆草（*P. involucrata* 'Norfolk'），持續有新品種引入試驗種植，大多適應力不錯，在遮陰處生長良好，喜歡排水性佳的介質，繁殖容易，常以扦插繁殖。

灰綠冷水花▶
Pilea libanensis Urb.
原生地：古巴
為覆地生長之小型藤本植物，葉片圓形，表面銀灰色，莖為紅褐色。為人所知的名稱為 *P. glauca*，為非正式名稱；或有時在市場上被稱作 Pilea Silver Sprinkles。適合栽培於玻璃瓶或運用於生態缸（Terrarium）。栽培十分容易，喜好陽光水分，不宜讓介質過乾，常種植於吊盆中，讓它垂下來作為懸垂植物，或讓它覆蓋大型植栽下的土壤。以扦插繁殖。

▶皺葉冷水花 / 月亮谷冷水花
P. inaequalis (Juss. ex Poir.) Wedd.

◀蓮座麻
P. fairchildiana
Jestrow & Jiménez Rodr.
原生地：多明尼加共和國

▼鏡面草

P. peperomioides Diels

原生地：中國

原生於中國南部如四川省和雲南省的石灰岩，因此有中國錢幣草
（Chinese Money Plan）之稱。這種植物特殊之處是形態特徵與冷
水花屬（*Pilea peperomioides*）非常相似，而且外形也很像荷葉椒草
（*Peperomia polybotrya*），因此被命名為 *Peperomia peperomioides*，意
思是形似荷葉椒草。

喬治・福雷斯特（George Forrest）於 1906 年開始收集這種植物標
本，並於 1910 年再次收集，但並未廣為人知。直到挪威傳教士 Agnar
Espegren 從湖南省收集了此植物，並將其帶回國內繁殖且傳播至所有
斯堪地那維亞半島植物栽培者的手中，但一般人對它仍不熟悉，一直到
1980 年代初期，才有正確的形態特徵描述，並於 1984 年發表。另有一
英文俗名為傳教士植物（Missionary Plant）。栽培容易，喜好排水良好
之土壤、遮陰處環境，以扦插繁殖。現今已被廣泛種植，且出現至少 2-3
個不同的變異種，但仍不如一般品種普遍。

◀ 鏡面草 莫希多

P. peperomioides 'Mojito'

葉子淡綠色，有許多深綠色斑點散布整個葉片，看起來類似於 *Colocasia* 'Mojito' 的斑點。是所有鏡面草中最漂亮且斑紋相對穩定的品種。

▼ 鏡面草 白潑墨

P. peperomioides 'White Splash'

市場上可見以 *P. peperomioides* 'Splash' 販賣的品種，看起來與左圖砂糖相似，但葉緣更平滑。有些植栽葉子具窄長白色斑紋，稱為 'White Splash'。

▼ 鏡面草 砂糖

P. peperomioides 'Sugar'

與右圖的白潑墨相似，但葉緣呈波浪狀鋸齒，不太平滑，並且有白色小花紋遍布整個葉面。

澤米鐵科
Zamiaceae

為裸子植物，含括 9 個屬，分布於非洲、澳洲、北美洲和南美洲，未見於亞洲。在世界各地廣泛作為觀賞植物種植，許多物種具獨特顯著形態，例如葉子先端具尖刺的非洲霸王蘇鐵（*Encephalartos horridus*）、藍灰色葉子的三刺非洲鐵（*E. trispinosus*）、形似大型蕨類的波溫鐵屬（*Bowenia* spp.）等。種植於庭院生長良好，相對耐病蟲害，若照顧得宜，可以非常長壽。

波溫鐵屬 / *Bowenia*

屬名來自前英屬昆士蘭總督 Sir George F. Bowen 之名，本屬僅含 2 個現存物種，分布於澳洲。為古老植物，包含化石物種，例如蝴蝶波溫鐵（*B. papillosa*）和始新波溫鐵（*B. eocenica*），在始新世（Eocene，大約距今 5600 萬~3400 萬年前）之後已滅絕。有些研究將本屬歸類為波溫鐵亞科（Bowenioideae）。形態特徵是具短而粗的地下莖，具葉柄長且直立突出地面，羽狀複葉，葉色深綠，葉片厚且具光澤，形似觀音座蓮屬（*Angiopteris* sp.）的植物。栽培容易但不喜高溫，應種植於遮蔽處或遮陰處，適合使用排水良好的介質，定期給水。以種子繁殖。

註：波溫鐵屬已歸入蕨葉鐵科 Stangeriaceae。

波溫鐵 ▶
Bowenia spectabilis Hook.
原生地：澳洲
發現於海拔 0-700 公尺的熱帶雨林，1863 年威廉·柯蒂斯 (William Curtis) 在第 19 卷柯蒂斯植物學雜誌（Curtis's Botanical Magazine）中描述這種植物：「我們取得了阿倫·坎寧安（Allan Cunningham）於 1819 年（也就是 40 年前）在奮進河（Endeavour River）附近採集到的此種植物之芽，暫時稱其為 *Dracontium polyphyllum*，且未經任何處理。直到 1863 年植物園的沃爾塔·希爾（Walter Hill）從羅金厄姆灣（Rockingham Bay）再次發現此植物，並收集其乾葉、雄蕊和和小植株送回皇家植物園（Royal Botanic Gardens, Kew），才確定為新物種並命名之。」

蕨葉鐵屬 /*Stangeria*

　　屬名根據南非植物學家和地理學家威廉·史坦格（William Stanger）之名而命名。羽狀複葉，葉色深綠；雌雄異株。本屬僅含一個物種。分布於南非，1836 年首次發現時，距離大海不超過 50 公里，當時被誤認為是蕨類植物；直到 1851 年被送往英國，發現有根系，才被確認為一種蘇鐵。除了作為觀賞植物，當地居民們還作為傳統藥草治療頭痛。1992 年 7 月的一項調查中顯示，光一個月，此植物在當地市場上的交易量就超過了 2,380 公斤。

　　蕨葉鐵屬栽培容易，相對耐病蟲害。喜好遮陰環境、排水良好的砂質壤土或土壤。常以種子繁殖。

　　註：蕨葉鐵屬已歸入蕨葉鐵科 Stangeriaceae。

蕨葉鐵▶
Stangeria eriopus (Kunze) Baill.
原生地：南非

角狀澤米鐵屬 /*Ceratozamia*

　　屬名來自希臘文 ceras 和 Zamia，前者意思是角，後者是另一種蘇鐵屬植物。葉片厚而有光澤，先端尖銳，幼葉通常呈紅棕色，大多數具有厚葉，雄雌花花軸著生小刺。含括 31 個物種，分布於中美洲，多生長於墨西哥、貝里斯和瓜地馬拉，海拔 800-1,800 公尺的熱帶雨林和松林中，通常生長在樹蔭下的陡坡上。非常融入環境，適合作為觀賞植物種植。在泰國，尚未廣泛流傳及為人所知，主要掌握在收藏家手中。栽培容易，抗耐性高，喜歡陽光直射，與其他蘇鐵植物一樣需要定期澆水。

▶寬羽角狀鐵
Ceratozamia euryphyllidia Vázq.Torres,
Sabato & D.W.Stev.
原生地：墨西哥
於 1980 年左右發現於海拔 150-510 公尺的熱帶雨林，初次發現約有 30 棵，部分被植物學家帶回墨西哥的植物園栽培；另外一部分則被帶到佛羅里達州的費爾柴爾德熱帶植物園（Fairchild Tropical Botanic Garden）種植。後來在其他棲息地發現更多寬羽角狀鐵，但仍面臨著棲息地受到威脅的風險。其學名來自希臘文 euryphyllos，意思為寬葉。

雙子鐵屬 /*Dioon*

　　屬名來自兩個希臘文，其中 di- 的意思是兩個；oon 的意思是卵，意指其每片大孢子葉（Megasporophyll）有兩個胚珠（ovules）。株型高大，有些物種甚至可生長達 15 公尺高。地上的莖通常呈單幹，樹皮厚且呈羽狀複葉，葉片環繞莖幹生長，葉片堅硬，葉緣帶有棘刺，這使得它成為一種獨特的植物。

　　在植物界屬於古老的類型，曾在阿拉斯加發現其始新世的化石，推測它已經存在超過數千萬年。這種植物極為長壽，在自然界中有些個體的歷史已經超過千年。整個屬大約包含 16 個物種，分布於中美洲，通常生長在海拔 0-2,000 公尺的乾燥地區。栽培上相對容易，有高度的抗逆性，喜歡陽光和水，偏好排水良好的土壤或介質。

◀荷姆關雙子鐵
Dioon holmgrenii De Luca,
Sabato & Vázq.Torres
原生地：墨西哥

▶梳齒雙子鐵
D. pectinatum Mast.
原生地：宏都拉斯
先前學名為 *Dioon mejiae*，
現今此名成為同物異名。

▶托馬塞利雙子鐵
D. tomasellii De Luca,
Sabato & Vázq.Torres
原生地：墨西哥
本種學名為來自義大利帕維亞大學植
物學教授及義大利植物學協會主席
Ruggero Tomasellii 的名字。

非洲鐵屬 /Encephalatos

屬名字來自希臘文三個單字：en- 意思是內部，kephale 意思是頭，artos 意思是麵包。意指當地人使用莖幹中間的肉質用來製作食物或點心。為大型蘇鐵，葉叢廣，葉片堅硬厚實，有些物種的葉緣呈鋸齒狀，形似荊棘。含括共 66 個物種，僅分布於非洲，為最古老的裸子植物之一，現今面臨滅絕風險，本屬所有物種皆被列入《瀕臨絕種野生動植物種國際貿易公約》（CITES）第一級，禁止任意出口販賣。許多物種具美麗和獨特外觀，除了株型雄偉而非常引人注目，還具藍灰色調的葉子，例如非洲霸王蘇鐵（ *E. horridus* ）、雷曼非洲鐵（ *E. lehmannii* ）和尤金非洲鐵（ *E. eugene-maraisii* ）等。以種子或分株繁殖，大多物種都能順利栽培並良好適應環境。

刺葉非洲鐵 ▶

Encephalartos ferox G.Bertol.
原生地：莫三比克

株高可達 1.8 公尺，葉柄長，葉子呈深綠色，先端分岔。廣泛分布於莫三比克沿海，經常生長於大樹遮蔭底下的沙丘，耐陰；但如果栽培於陽光水分充足之環境，其生長速度會較快。最初由義大利植物收藏家 Cavaliere Carlo Antonio Fornasini 發現，在 1851 年將此植物命名為 ferox，是拉丁文兇猛的意思，意指其葉片上尖銳的刺，若不小心可能會刺傷皮膚；過去此植物不太為人所知，直到植物學家在莫三比克首都馬布多南部發現了新的族群，並認為是新的物種，於是以當地海灣名稱將其命名為 *E. kosiensis*，但現今此名已成為同物異名。

◀非洲霸王蘇鐵
E. horridus (Jacq.) Lehm.
原生地：南非

▼非洲霸王蘇鐵 × 胡迪非洲鐵
Encephalartos horridus × *E. woodie*

非洲霸王蘇鐵 × 沙地非洲鐵▶
Encephalartos horridus × *E. arenarius*

▼雷曼非洲鐵
E. lehmannii Lehm.
原生地：南非

◀多刺非洲鐵 × 闊葉非洲鐵
Encephalartos senticosus
× *E. latifrons*

▼長葉非洲鐵
E. longifolius (Jacq.) Lehm.
原生地：南非

米德爾堡非洲鐵▶
E. middelburgensis Vorster,
Robbertse & S.van der Westh.
原生地：南非

▼馬尼卡非洲鐵
E. manikensis (Gilliland) Gilliland
原生地：南非

▼納塔爾非洲鐵 × 胡迪非洲鐵
Encephalartos natalensis × E. woodie

▼雲山非洲鐵
E. nubimontanus P.J.H.Hurter
原生地：南非
現今野外植株已經滅絕。

鱗木鐵屬 /*Lepidozamia*

　　屬名來自希臘文 lepidos，意思是鱗片；後半來自另一個屬名 *Zamia*（澤米鐵屬），意指其與澤米鐵屬形似，其葉子基部和莖幹覆有鱗片。本屬僅含括 2 個物種，為澳洲特有種，生長於海拔 0-615 公尺的熱帶雨林。

◀**霍普鱗木鐵**
Lepidozamia hopei (W.Hill) Regel
原生地：澳洲
種名來自昆士蘭州糖業之父 Luiz Hope。據聞為最高的蘇鐵，曾創下 17 公尺的紀錄。

大澤米鐵屬 /*Macrozamia*

屬名來自希臘文 macro，意思是大，後半來自另一個屬名 *Zamia*（澤米鐵屬），意指其外觀形似澤米鐵屬，且植株較為大型。含括共 42 個物種，為澳洲特有種，在澳洲許多地理位置皆可見，包含沿海地區到沙漠中心、海拔 0-1,500 公尺之處。

◀厚葉大澤米鐵

Macrozamia crassifolia P.I.Forst. & D.L.Jones
種名來自拉丁文，由兩個詞組成，分別是 crassus，意思是厚實的；以及 folium 意思是葉子，意指其葉子厚實的特徵。廣泛分布於昆士蘭東南部海拔 340-420 公尺的尤加利森林。植物標本最初採集於 1984 年，但當時被誤認為與 *M. pauli-guilielmi* 屬於同一物種；直到 1994 年的研究發現差異處，並命名為新物種。

▼麥當萊爾大澤米鐵
M. macdonnellii (F.Muell. ex Miq.) A.DC.
麥當萊爾大澤米鐵是澳洲唯一生長在沙漠中心地帶的物種，種名來自麥克唐奈爾山脈（Macdonnell Ranges），也就是這種蘇鐵的原生地。形態特徵為葉子呈深藍色。

斑葉麥當萊爾大澤米鐵▶
M. macdonnellii "Variegata"

▼單向大澤米鐵
M. secunda C.Moore

薑科
Zingiberaceae

　　單子葉植物，含括超過 50 個屬，不少於 1,600 個物種，分布於亞洲熱帶地區、北美洲、南美洲及非洲，為多年生草本植物，含附生植物及陸生植物。許多物種只在雨季生長，其他季節休眠。莖為地下莖，地上有假莖分枝，單葉，葉形窄長，葉披針形或橢圓形，葉厚或薄，花序有大有小，有些物種花瓣美麗持久。本科植物大多為藥草植物，且在許多文化中用作重要的原料或香料，例如小豆蔻（*Elettaria cardamomum*）、薑（*Zingiber officinale*）、大高良薑（*Alpinia galanga*）；但也還有許多物種廣泛作為觀賞植物種植，以欣賞其花朵，如薑黃屬（*Curcuma* sp.）、茴香砂仁屬（*Etlingera elatior*）、舞花薑屬（*Globba* spp.）；另有許多物種葉片具有斑紋，其美麗亦不落人後，像是山柰屬（*Kaempferia* spp.），許多物種比起一般綠葉，更常呈現條紋或斑紋，包含深色和斑葉等形態。適合種植於熱帶地區，容易維護管理、抗耐性高。

斑葉月桃 / 花葉艷山薑 ▶
Alpinia zerumbet "Variegata"
斑葉月桃可稱上最為廣泛種植的植物之一。葉大且寬，有鮮豔的黃綠相間花紋。另有一物種名為台灣月桃（*Alpinia formosana* 'Pinstripe'），其莖幹較高且葉子較窄，具白色斑紋。

月桃屬 / 山薑屬 / *Alpinia*

　　屬名來自專攻樹木的義大利植物學家 Prospero Alpini。為多年生草本植物，具匍匐莖，地上假莖可高達 3 公尺，花序著生於植株先端。含括 245 個物種，分布於亞洲和澳洲，為當地人所熟知且每家每戶都使用的藥草植物，有些物種作為觀花植物種植，例如紅花月桃（*Alpinia purpurata*）；有些物種則作為觀葉植物，尤其各類斑葉物種，例如月桃（*A. zerumbet*）或台灣月桃（*A. formosana* 'Pinstripe'）。生長快速，喜好水分，可種植於室外，常作為庭園植物種植；但不宜曝曬於強烈光照，因為會導致葉燒且可能造成萎縮，性喜潮濕氣候，以地下莖繁殖或分株繁殖。

▼皺葉山薑
Alpinia rugosa S.J.Chen & Z.Y.Chen.
原生地：中國
僅見於中國海南島，在自然界生長於海拔 600-800 公尺的山谷溪邊，全年涼爽潮濕。葉緣先端下彎，葉片中間有皺紋，好像被折疊起來一般，形態特徵類似於長柄山薑（*A. kwangsiensis*）——其莖大而高，葉子更加伸展，摺痕相較之下非常少。總狀花序，著生於植株先端。栽培於華南植物園的皺葉山薑每年 3-4 月開花，5-6 月結果。性喜涼爽氣候。

短唇薑屬 / 黃金薑屬 / *Burbidgea*

　　屬名來自英國植物學家弗雷德里克 · 威廉 · 伯比奇（Frederick William Thomas Burbidge）之名。為薑科之一屬，株型小，葉子細長披針形，先端尖銳；花序著生於植株先端，花瓣美麗，含括共 5 個物種，為婆羅洲特有種。在泰國，有人引進許多物種作為觀賞植物，例如火焰薑（*Burbidgea schizocheila*）和少花黃金薑（*B. pauciflora*），在平地生長良好且能正常開花，喜歡陰暗或遮陰處，栽培容易，不休眠，以分株繁殖。

斑葉裂唇黃金薑▶
Burbidgea schizocheila "Variegata"

蝴蝶薑屬 / 薑花屬 / *Hedychium*

屬名來自兩個希臘文：hedys，意思是甜美的；和 chion，意思是雪，意指薑花（*Hedychium coronarium*）的香味甜美。為多年生草本植物，具匍匐地下莖和地上假莖；花序著生於植株先端。含括共約 100 個物種，分布於亞洲和馬達加斯加島，最初是歐洲人為了觀賞美麗花朵和享受香氣，栽植於溫室而漸漸為人所知；後來又育種出斑葉品種以種植為觀賞植物，如莫伊博士（*Hedychium* 'Dr. Moy'）和香草冰（*Hedychium* 'Vanilla Ice'）等。栽培容易，性喜半日照、潮濕且排水良好的土壤，以分株繁殖。

蝴蝶薑 莫伊博士 ▶
Hedychium 'Dr. Moy'

為黃蝴蝶薑（*H. flavum*）和紅蝴蝶薑（*H. coccineum*）的雜交種。葉子綠色，有小斑紋分散在葉面上，有時呈長條狀。現今已出現許多斑紋色澤表現更為穩定的斑葉植株，被挑選出來繼續育成新斑葉品種，稱之為香草冰（*Hedychium* 'Vanilla Ice'），花朵橘色，可稱上市場上首批廣泛種植的蝴蝶薑，至於學名，是以 Ying Doon Moy 博士的名字命名，他曾是聖安東尼奧植物園的植物學家。

薑屬 / *Zingiber*

　　多年生草本植物，具匍匐地下莖，也有許多地上假莖。它的莖有的短小，也有可長達 2 公尺的物種，單葉，一排互生於同一平面；花序著生於根狀莖，苞片耐久，花依序快速綻放。含括超過 200 個物種，分布在亞洲，主要可見於東南亞。許多物種以香料而聞名，像是薑（*Zingiber officinale*）和蘘荷（*Z. mioga*）；有些物種具美麗花朵，例如革氏薑（*Z. griffithii*）、蜂巢薑（*Z. spectabile*）、詩琳通薑（*Z. sirindhorniae*）；亦也有許多物種的葉子形態特徵十分有趣，適合發展作為觀賞植物，像是斑葉紫色薑（*Z. purpureum*）或紅球薑（*Z. zerumbet*）以及葉子本來就具有斑紋的物種，如銀紋薑（*Z. collinsii*）。大部分栽培容易，性喜有機質含量高的土壤以及潮濕氣候，以分株或種子繁殖。

銀紋薑 ▶
Zingiber collinsii Mood & Theilade
原生地：越南、寮國
種名來自銀紋薑植物標本最初採集者馬克·柯林斯（Mark Collins）之名。高度可達 1 公尺。葉形長橢圓形，綠色，有銀色花紋；花序鮮紅色，小花，花瓣黃色，由下而上依序綻放；旱季時休眠。過去被認為是越南特有種，但後來根據報導，於寮國的拉羅芬（Bolaven）高原亦發現這種植物。

◀**斑葉未發表新種薑**
Zingiber sp.
原生地：泰國南部

▼ 斑葉未發表新種薑
Zingiber sp.

▼ 斑葉紫色薑
Z. purpureum "Variegata"
高度可達 1.5 公尺，葉子先端尖銳，花序呈咖啡色，葉緣略帶綠色，花瓣白色，花心呈淺黃色。傳說具有慈悲屬性，可使家庭安寧平靜、抵禦邪靈。栽培容易，性喜陽光和水，但於旱季休眠。

▼ 斑葉紅球薑
Z. zerumbet "Variegata"
厚葉，綠色，葉緣有白色斑紋。為市面上最早出現的斑葉植物之一。

舞花薑屬 / *Globba*

　　屬名來自爪哇語 galoba，意思是薑，多年生草本植物，大部分株型較小，高不超過 60 公分，葉形為長橢圓形、橢圓形或卵形，先端尖銳，葉片薄，莖常向前彎曲。花序著生於植株先端，直立或匍匐，於旱季休眠，含括超過 100 個物種，分布於亞洲和澳洲，大多數生長在森林邊界或大樹的樹蔭下。泰國人常稱守夏花，因為它們通常在守夏節開花。現今已被育種為栽培容易的觀賞植物，喜半日照和潮濕土壤，以種子或分株繁殖。

▼斑葉未發表新種舞花薑
Globba sp. "Variegata"

▼斑葉未發表新種舞花薑
Globba sp. "Variegata"

▼寶馬舞花薑
G. poomae Sangvir. & M.F.Newman
原生地：泰國

山奈屬 / 孔雀薑屬 / *Kaempferia*

屬名來自德國植物學家恩格爾貝特·肯普弗（Engelbert Kaempfer）的名字。多年生草本植物，地下莖短且匍匐，根系肥厚可貯藏養分；單葉螺旋狀互生，葉子平鋪於地表；僅在雨季幾個月開花，花序著生於莖幹先端中間，依序綻放；在旱季休眠。有些物種被當作藥草植物、開運植物，或作為觀賞植物種植，如山奈／沙薑（*Kaempferia galanga*）、紫花山奈（*K. elegans*）、孔雀薑（*K. roscoeana*）、海南三七（*K. rotunda*）等。本屬所有物種皆栽培容易，其休眠時應減少給水量，但也需避免讓土壤過度乾燥，性喜陰暗處，以根莖分株繁殖。

▼珍哲蒂古孔雀薑

Kaempferia jenjittikuliae Noppornch.
原生地：泰國，為碧差汶府春登縣的特有種
葉形為偏圓的橢圓形，葉大，葉片有全為綠色，以及綠色和銀色條紋相間等形態；花瓣白色，唇瓣紫色。最近才被命名，種名是為了紀念專門研究山奈屬的泰國植物學家Thaya Jenjittikul 博士。

▼斑葉紫唇孔雀薑

K. augustifolia Roscoe "Variegata"
葉片綠色，葉緣白色環繞。出於商業目的而廣泛種植，因此價格不高。除了這個物種外，還有另一種形態特徵非常相似，被稱為 *K. angustifolia* '3D'，但在泰國尚未普及，這種植物葉子上有三種顏色的斑紋，當地人用作藥草植物，相信它具有外邪不侵的效果。於旱季休眠。

▼斑葉花葉山柰 / 紫花山柰 / 彩葉孔雀薑
K. pulchra "Variegata"

◀黃色斑紋　　　　白色斑紋▶

▼大理石斑紋▶

茴香砂仁屬 / *Etlingera*

　　株型高大，有些物種可高達 10 公尺。樹幹堅硬，花序從地下莖冒出。含括超過 150 個物種，分布於印度、東南亞和澳洲。泰國人對本屬非常熟悉，因為除了放入花瓶欣賞以外，有些地方還會食用其花朵和嫩莖作為蔬菜。若種植於高濕度環境則栽培容易，不喜乾燥，常以分株或種子繁殖。

▼ 指唇薑 / 火炬薑 / 瓷玫瑰
Etlingera brevilabrum (Valeton) R.M.Sm.
原生地：婆羅洲
葉子暗綠色，葉子上布滿紫褐色斑紋，葉背紫紅色；母株可生出很長的匍匐莖，花序著生於地下莖，花瓣呈紅色或粉紅色，小花白色。砂拉越原住民將之作為藥草，喜好高濕度的生長環境。

紋山柰屬 / *Scaphochlamys*

　　屬名來自希臘文 skaphos，意思是船；以及 chlamys，意思是覆蓋物，意指其具看起來像船的苞片。多年生草本植物。根莖瘦長，沿地表匍匐生長，莖短，花序短，小花自下而上逐漸綻放，大部分花期為一天。含括 57 個物種，分布於東南亞，從泰國、馬來西亞到婆羅洲和蘇門答臘。栽培容易、無休眠期，性喜有機質含量高且排水良好的介質，喜濕潤但不過濕，喜好遮陰環境。

▼ **披針葉紋山柰**
Scaphochlamys lanceolata (Ridl.) Holttum
原生地：泰國、馬來西亞

索引